A CRES
OF DIAMONDS

有钱人
和你想的不一样

［美］拉塞尔·H. 康威尔 / 著　陈数 / 译

江西美术出版社
JIANGXI FINE ARTS PUBLISHING HOUSE

图书在版编目（CIP）数据

有钱人和你想的不一样 /（美）拉塞尔 · H. 康威尔著；陈数译 . -- 南昌：江西美术出版社，2018.3（2019.8 重印）
（时光新文库）
ISBN 978-7-5480-6017-8

Ⅰ . ①有… Ⅱ . ①拉… ②陈… Ⅲ . ①成功心理—通俗读物 Ⅳ . ① B848.4-49

中国版本图书馆 CIP 数据核字（2018）第 032535 号

出 品 人：周建森
企　　划：北京江美长风文化传播有限公司
策　　划：北京兴盛乐书刊发行有限责任公司
责任编辑：王国栋　楚天顺　李小勇
版式设计：阎万霞
责任印制：谭　勋

有钱人和你想的不一样

作　　者：（美）拉塞尔 · H. 康威尔　译　者：陈　数

出　　版：江西美术出版社
社　　址：南昌市子安路 66 号江美大厦
网　　址：http：//www.jxfinearts.com
电子信箱：jxms@jxfinearts.com
电　　话：010-82293750　0791-86566124
邮　　编：330025
经　　销：全国新华书店
印　　刷：北京柯蓝博泰印务有限公司
版　　次：2018 年 3 月第 1 版
印　　次：2019 年 8 月第 2 次印刷
开　　本：880mm × 1280mm　1/32
印　　张：7
I S B N：978-7-5480-6017-8
定　　价：29.00 元

本书法律顾问：江西豫章律师事务所　晏辉律师

本书说明

这本书来自于我在美国各地所发表的演讲。在演讲前，首先我会尽可能早地到达要参观的城镇，以便走访邮政局长、理发师、旅店老板、校长和牧师，接着走进一些工厂和商店，与人们交谈，进一步了解这个城镇的具体情况——它的历史、机遇和曾有过的失败——我必须说，每个城镇都有失败之处。之后我再去讲演，与人们一起就当地的话题进行探讨。正如本书中一贯的思想：在我们的国家，每个人借助自己的才能、激情和人脉，都有机会在更广阔的天地有所作为。

拉塞尔·H.康威尔

推荐序 | 康威尔是什么人？

拉塞尔·H.康威尔所做的演讲风靡了整个美国。随着时间的流逝，人们对它的喜爱与日俱增，它的价值也日益被重视。人们把它印制成书，所以它又将拥有成千上万个寻求致富之路的读者。

与这些钻石同样可贵的是，书中一个关于“宝石大师”毕生工作的迷人故事，让我们看到了一个人在一天中能有何种作为，一生对于世界又将创造何种价值，从而充分说明人所具有的最根本的原动力。

在费城的三十年里我一直是作者的邻居和挚友，坦白说，高大、英气的拉塞尔·H.康威尔称得上是宾夕法尼亚州的头号公民，是该州700万人的“大哥”。

在事业开始之初，他在“市政工程董事会”看到《新约》寓言中这样一段真实而又震撼人心的话语：“假如你仅仅是一粒芥子，只要你不失去信念，那么没有你不可能做到的事。就好像你对大山说，‘搬到那边去’，它就真的搬走一样。”

康威尔做过校长、律师、牧师、组织者、思想家、作家、讲演家、教育家、外交官和领导，以其巨大的成就闻名于世。他虽已逝世，但其美好的品德永存。

他的思想、理想以及对工作的热情鼓舞了成千上万的人，《有钱人和你想的不一样》表现出一个才能不凡的人的极大活力，而这样的书正是每个年轻人所喜爱的。

罗伯特·沙克尔顿

1915年

推荐序Ⅱ 世界上最精彩的演讲

总体而论，康威尔精彩生活中最杰出的就是其“钻石之地”的演讲，无论是演讲本身、场次、给人的巨大鼓舞还是他从中获得的赢利，以及这些钱的用途。围绕“钻石之地”所产生的一切及其取得的巨大成功，都体现了一种积极向上的精神，也显示了康威尔博士的个性、理想和能力。

这个演讲体现了康威尔博士的活力、热情与智慧，也反映出他的远大理想：人人都有可能成功。“钻石之地”演讲举办了5000多场，听众有增无减。

康威尔在年轻的时候，曾有过一段痛苦的经历。一天晚上他向我谈起这些往事，忆起遥远的过去，他的声音越来越低。他说在耶鲁大学求学的那段日子，因为没有钱上大学他承受着巨大的痛苦，而为了挣到更多钱他忍受了巨大羞辱。之所以痛苦并不是因为工作的艰苦，康威尔一直甘愿做艰苦的工作。也不是因为贫穷和困难，困难可以克服，他也乐观对待贫穷。让他难以忍受的痛苦是人身羞辱，甚至在过了半个多世纪后，回忆起那些羞辱他仍然感到痛苦，然而这些羞辱却促使他创造了一个奇迹。

“我那时就决定，”他说，“只要能让年轻人上大学更容易一些，无论做什么我都愿意。”

于是从很多年前，他便开始把从“钻石之地”演讲中挣来的每一元钱都投入到这个明确的目标当中。他有一份所谓的“等候名单”，对于这份名单中的人他了解的很少，因为他很忙，无法亲自去做大量调查。大部分的名字都是由大学校长提供的，他们清楚本校有哪些学生需要得到帮助。

我请他讲这事时，他说，“我演讲完了得到支票的每个夜晚，都会在旅店的房间里坐下来（多么孤独的情景，简直成了工具），扣除工作实际需要的开支后，将余额开支票寄给名单上的某个青年。我总是另附上一封建议和鼓励信，希望可以帮到这个青年，并告诉他只需对自己负责就可以了，不必对我个人尽责，这也是我自己努力让每个青年认识到的。我对他们说，我希望今后大家比我做得更多。别觉得我提出的建议多，”他面带微笑补充道，“我只是一心让他们知道有个朋友正在极力帮助他们。”

他说这话时面露欣喜之色：“这事真有魅力！就像是一次冒险！信一寄出，我就将那个名字从名单上划掉，然后着手准备帮助下一个人！”

稍停片刻后他又说：“我并不想给任何青年寄去足够的钱，帮他承担全部费用，而只是不想让他承受痛苦，因而每一张支票对他们的帮助有限。再者，”他最后说，“我也不想让他们完全依赖我！”

康威尔告诉我，他并不期望从帮助青年人这件毕生需要进行的事中得到任何回报，因为那需要花费大量时间去观察和思考，以及读写信件。“不过主要原因，”他继续说，“是我不希望让他们心里有对谁负有责任的想法。”

我指出这无疑是把面包丢到河水里，是有去无回（面包丢到河水里，喻指真心行善不望回报）的例子。他沉思了一会儿，然后若有所思地说：“当一个人年纪大了，他就会为做过某件事而感到满足。他觉得面包在自己付出的过程中已经收回来了。”

他的秘书告诉我，在最近一次经过明尼苏达州的途中，康威尔碰见一件令其感到不安的事，火车上有位通过“钻石之地”得到帮助的男青年认出康威尔来，发现他真的是康威尔博士后，还热切地把妻子也叫来对康威尔给予的资助千恩万谢。这对夫妻激动不已，弄得康威尔博士有些无可奈何。

用高尚的康威尔博士本人的话说，这个演讲意在帮助“每个怀有崇高意愿并决心从事有益而光荣的职业之男女”，这是一个帮助他人的演讲。这个演讲用康威尔的声音、表情和举止表达出来，更是充满魅力。而演讲本身又是多么朴素、真诚！

他的演讲富有灵感、令人深思和深受启发。他要去数千个地方演讲，并根据当地情况做出调整，不过出发点是一致的。许多人即使已经知道讲的是老故事，也会一次又一次地去听康威尔的演讲。康威尔不无风趣地说，有些人已经听过20次他的演讲了！

演讲开始时康威尔讲了一个故事，那是他与一个老阿拉伯人一起去尼尼微时听到的。听他讲述时，你仿佛在听那个老阿拉伯人口述一般，似乎可以看到那荒芜的沙漠和摇晃的棕榈树。他的声音如此从容自然，以十分平常的口气将故事娓娓道来，然而整个场景却马上在人们的头脑中浮现出来！听众似乎着了什么魔似的，急于想听下去，随他一同欢乐或一同沉寂。他具有一种控制力，而这是演讲家必不可少的才能。

人们会一次又一次去听他的演讲，这是对康威尔最好的奖赏。最近我听过他在自己的教堂里做这个演讲，人们大概会认为那已是老生常谈，大概只有几个忠诚的听众才会去听。但事实表明，他的听众都很忠诚，因为听众很多，巨大的教堂里几乎座无虚席。需要补充一点，尽管是在他自己的教堂里演讲，但并非是免费的，每个人都要支付不菲的门票费——入场费总是能检验出人们听演讲的真心。大家被这样一股潮流感染，好像无论是演讲者还是演讲本身都让他们感兴趣。虽然演讲记录阅读起来也相当好，但只有亲耳聆听过康威尔本人生动的讲演，你才会明白它所带来的巨大影响。

那天晚上，康威尔像多年前的首次演讲那样按部就班地进行着演讲，不随时间和地点的变化而改变。随着演讲的深入，虽然演讲内容同多年前的一样，但听众们仍像每一次听演讲那样发出阵阵笑声。尽管他极力带领大家忆起往事，但为了演讲的生动活泼，也需要引入新的事物，因此他不时举出一些最新近的例子，比如汽车这一当时是新生事物。

最近我又听了他的第5124场演讲。这数字真让人难以置信，5124场！我注意到这次是在一个较偏远的地方举行演讲，那儿很难有较多的听众，我不能预测会有多少人去听，他们又会留下怎样的印象。于是我去听了这场演讲，那里离我暂住的地方仅几英里远。由于道路较隐蔽，因此我猜想听众可能寥寥无几，但当我到达时才发现那座他将发表演讲的、可以容纳830人的教堂已全部坐满，并且后面还站了不少人，甚至有许多人是从数英里之外赶来的。如果说是因为广告宣传的作用，而实际上这个演讲根本没有做任何宣传。仅仅是人们相互询问："你不去听康威尔博士的演讲吗？"于是演讲的消息便传遍四方。

当时那些听众是如此着迷，在整个演讲中他们都热切地回应着康威尔。他们不仅觉得在这样一个岔路旁的教堂里能听到这样一场精彩成功的演讲本身就值得自豪、开心，我还了解到每个听者都受到了演讲的激励，决心要为自己和他人做点什么，而他们当中不少人将付诸行动。人们不止一次感叹康威尔是如此富有影响力。

他又是一个大公无私的人！尽管年事已高，又患有病痛，但他并不缩减演讲的时间，即只演讲一小时或勉强坚持一个半小时。当康威尔看到他的演讲使人们入迷、受到鼓舞时，他会忘了病痛、时间，忘了现在已是深夜，忘了他还要长途跋涉赶回家，而是慷慨大方地一讲就是两个小时！但这并不能让听众满足，人们都希望能再听他讲两个小时。

他的谈吐轻松自然，很容易引人共鸣。他的演讲亲切、沉着、幽默，不时说些轻松的玩笑，但这并不会使听众忘记他一直都是一个无比认真的人。他们要么一同欢笑，要么全神贯注、鸦雀无声。听众的表情十分一致，或严肃，或惊奇，或觉得有趣，或下定决心。康威尔时而冷静，时而充满激情，让人感到他就是这样一个既认真又热情的男人；当讲到一些滑稽的事情时，他会发出一种克制的笑声，这是他对事件本身温和地表示欣赏，不会让人觉得他是在为自己的幽默发笑，而是因与大家共同分享这趣事而发笑。

从这个演讲中获得的启示，让许多人获得了成功。你会经常听到一些受到康威尔的启示而获得成功的故事，但并不仅仅只是这样一些。最近康威尔博士就亲口说了几个例子，其中有个农民小伙子，他经过长途跋涉来听康威尔博士的演讲。后来这个男孩（现在已是个大男人）写信告诉康威尔，在回家的路上他深入思考了如何发展自己这件事情，还没回到家里他便听说某所乡村小学需要一名教师。他明白自己尚不能胜任教书这一职位，不过他有信心可以通过学习胜任这份工作，于是他勇敢地去申请了这个工作。凭着真诚他得到了一个临时职位，白天教书，业余时间努力地工作、学习，几个月后他便转正，正式成为一名教师。“如今，”康威尔突然说（博士喜欢忽略掉中间过程，只谈事情重要的开端及满意的结果），“那个年轻人已成为一位大学校长了。”

最近，一位女士来找康威尔博士说，她的丈夫曾经收入可观并且声名显赫，但在花钱方面过于慷慨大方，以致经常生活拮据。后来他们花了几百美元买下了一块小农场作为乡下的住处。她听过演讲后曾自嘲：“这个地方是什么‘钻石之地’？”不过后来她在那块地上发现了异常优质的泉水，这在买它时根本是不知道的。康威尔的演讲使她受到巨大鼓舞，因此她把水拿去分析，发现它纯洁无比，便开始将泉水装瓶，标上商品名作为特种泉水出售。她现在正赚钱呢。此外，冬季她还从池子里切割出纯冰拿来销售，而这一切都是因为听了康威尔的“钻石之地”！

从这个演讲中，康威尔一共挣了几百万美元。这很让人惊愕，但当了解到他这一生做了哪些善事时，你会更加惊愕，因为他挣钱不是为自己，而是为了帮助他人。康威尔通过这些演讲给人以鼓舞和激励，当你认识到精神上的帮助远远大于直接用钱所给予的帮助时，无论在思想上还是言谈中你都会对他大加称赞。他总是希望帮助那些精神不振、生活消沉的人，主张人们应该不断尝试自我改进、自我提高。

去年，即1914年，他以及他的工作受到了人们高度的重视。由于这个独特的演讲即将进行到第5000场，因此朋友们计划庆祝一下这个世界上最受欢迎的演讲在其发展历程中的一个意义重大的数字。康威尔博士在费城的音乐学院举行了这场演讲，当时不仅校内有许多听众，而且校外的街上也挤满了人。第5000场演讲的收入总计超过9000美元。

在他的家乡，康威尔博士不但受到了大量热切听众的欢迎，也受到了负责这次庆祝活动的本地委员会以及全国委员会的尊敬，全国委员会的成员中有9位州长，从这一事实即可看出，康威尔博士凭其所做的一切赢得了举国上下的喜爱，最让康威尔感到荣幸的是宾夕法尼亚州州长的到场，并亲自授予他一把“自由州民权”的钥匙。

是的，这个70多岁的人赢得了“自由州民权”的荣誉。“自由州民权”颁发给这个乐于助人的人，这个关于成功信念的杰出代表，他为了人们的自由、改良、解放和发展完成了惊人非凡的工作！

罗伯特·沙克尔顿

◆有的人总是在向往远方，认为从远方才能得到自己想要的财富和成功。这些人其实忽略了身边唾手可得的资源，如果他们愿意关注一下已有的东西，就会发现“钻石就在自家后院”。

◆生活中，很多人自以为对自己的生活已经了解得足够清楚，认为自己的人生无法改变，于是他们放弃了学习，每日得过且过。而在他们看不到的地方，那些成功的人还在一点点地充实自己，以便让自己走得更远。

◆如果你仔细观察一下身边生活富足的人，就会发现他们有一项显著的特征：敢于冒险。当穷人和富人站在同一条起跑线上时，穷人往往都是那个等待机遇来眷顾他的人，而富人就会冒险先跑一步，主动抓住机遇。

◆人们常说：富人相信“我创造生活”，穷人相信“生活掉落在我身上”。这话可能有一定道理：没有行动的梦想就是空想，而到最后也只能落空，依然归于平庸的生活。

目　　录

C o n t e n t s

附录　财富档案之富人的理财习惯

C o n t e n t s

第一章

在哪里能找到钻石

——有钱人对自身资源敏感，穷人总是梦想远方

很多年前，我同一队英国旅行者沿底格里斯河及幼发拉底河顺流而下。我们在巴格达雇了一个富有经验的阿拉伯老向导，这个向导在某些精神特征上与我们很相似：他认为自己不仅有责任带领我们沿河而下——这是他应做的事，因为我们付了他报酬——而且还用一些稀奇古怪的故事让我们开心，这些故事有古代的和现代的，有我们熟悉的和不熟悉的。这些故事多数我已经忘记，也不感觉可惜，不过有一个故事让我永远难忘。

老向导拉着缰绳牵引我的骆驼沿那条古老的河流向前走去，不停地讲着一个又一个故事，直到我都听得厌烦了，不想再听他讲那些枯燥的故事。于是老向导发脾气了，不过我没生气。我记得他脱下头上的土耳其帽用力挥舞着，以引起我的注意。我从眼角瞥见他这样，就下定决心不看他，担心他又会借此再讲一个故事。但我的内心不够坚定，最终还是又看了他一下，结果他真的又讲起一个故事来。

他说："我现在讲一个只给特殊朋友听的故事。"当他强调"特殊朋友"时我便倾听起来，事后我为自己这样做感到高兴。我真的由衷地感激他，因为有1674名年轻人正是受着这个演讲的鼓舞而念完大学，他们也为我当时听了那个故事而高兴。

老向导告诉我，从前离印度河不远住着一个年老的波斯人，名叫阿里·哈菲德。阿里·哈菲德拥有一个很大的农场，其中有果园、谷地和花园。他靠吃利息也能挣到钱，维持自己富足的生活，这是一个富有的人，他也因富有而感觉满足。一天，有个年高德劭的佛教僧人拜访了这个波斯农夫，这个僧人算得上东方的一位贤明之士。他在炉火旁坐下，为这个年老的农夫解说这个世界是如何形成的。他说创始之初这个世界只是一团浓雾，佛把手伸入雾中，开始时慢慢转动，然后速度越来越快，最后把浓雾旋转成一个实心火球。火球旋转着在宇宙中穿梭，一路燃烧着穿过其他浓雾，在这个过程中外部的湿气开始浓缩，最后以大雨的形式浇灌在这个火球酷热的表面上，火球的外部因而冷却。而内部的火焰喷发而出，很快形成了我们这个美妙世界里的一座座巨峰大山、山谷、平原和大草原。假如内在的熔岩喷出后很快冷却，它就变成了花岗石；假如冷却的速度慢一些就变成了铜，再慢一些就变成了银，再慢一些就变成了金，而最慢的就变成了美妙的钻石。

老僧人说道：“钻石是阳光凝结后掉下的物质。”这句话还是很有道理的，从科学的角度讲，钻石的确来自太阳上的碳素沉积物。老僧人对阿里·哈菲德说，如果他有一粒拇指般大的钻石就可以买下整个县，如果有一矿山钻石就可以凭这巨大财富让自己的孩子个个登上宝座。

阿里·哈菲德听了关于钻石的情况后，立刻明白了钻石的价值，于是这一天睡觉时，他第一次觉得自己是贫穷的，虽然他实际上并没失去什么。之所以感到贫穷是因为他不满足，而之所以不满足是因为他害怕自己贫穷。于是他说：“我想要弄一矿山钻石。”他为此彻夜难眠了。

次日一大早他就去找僧人。顺便说一句，凭着经验我知道僧人一大早被弄醒是非常生气的。阿里·哈菲德把老僧人从梦中用力摇醒，问道：

“请你告诉我，在哪里能找到钻石？”

“钻石？你要钻石干啥？”

“唉，我想变得非常非常富有。”

“嗯，那么，去寻找它们吧。你只需去寻找，你就会得到它们。”

“可我不知道去哪里寻找。”

“哦，如果你能找到一条穿过白色沙滩和高山的河流，你就会在那些沙滩里找到钻石的。”

阿里·哈菲德有点不相信：“我觉得根本没有这样的河流。”

可是僧人却非常肯定地告诉他：“嗯，有的，有很多。你只需去寻找，然后就会找到它们。”

阿里·哈菲德说：“我愿意去。”

于是他卖掉农场，带上钱，把家人托付给一个邻居，寻找钻石去了。他从月亮山脉（鲁文佐里山脉位于东非高原，有时被叫作“月亮山脉”）出发（我认为这很正确），进入巴勒斯坦，又流浪到欧洲，最后他把所有钱花光了，变得衣衫褴褛，穷困潦倒。他站在西班牙巴塞罗那海湾岸边，忽然看到一股巨浪卷入赫拉克勒斯墩中间，这个贫穷痛苦、备受折磨、奄奄一息的人抵挡不住那股极大诱惑，纵身跳入翻滚的浪潮中，终结了自己的痛苦，并且从此再没出现。

老向导讲完这个极其悲哀的故事后，拉住我骑着的骆驼，回去把另一只骆驼上的行李固定好，我则趁机思考他讲的故事。我问自己："为啥他只把这个故事讲给'特殊朋友'听？"这个故事没有开头、没有过程，也没有结局，似乎什么也没有。主人公一开始就死了，我还从未听过这样的故事呢，这是我读到的第一个这样的故事。只听到故事的一章，主人公就死了。

结果老向导回来后拿起骆驼的缰绳，继续讲故事的第二章，就好像根本没有中断过。他说买下阿里·哈菲德农场的那个男人一天把骆驼牵到花园去饮水，就在骆驼把鼻子伸入园中的浅溪里时，那个男人注意到小溪的白沙滩里闪现出一种奇异的、耀眼的光。好奇之下，他捡起一块石头，那块石头反射出五彩缤纷的光。这块石头如此迷人，驱使他把它装进口袋里带回家，并且放到火炉的壁炉架上作为装饰品，这以后就把它全忘了。

几天后那位老僧人又来走访阿里·哈菲德农场，他一打开客厅的门，就看见壁炉架上闪耀着光的那块石头，急忙冲上去，大声叫道：“这不是一块钻石吗？阿里·哈菲德回来没有？”“哦，没有，阿里·哈菲德还没有回来，那也不是钻石。那不过是我们在花园里发现的一块石头。”“可是，”老僧人肯定地说，“我一看见它就知道它是钻石。看看那闪耀的光吧，我能肯定这是一块钻石！”

接着他们一起冲进那个老花园，用手刨开白沙子。瞧呀！又出现了一些更美丽、更贵重的宝石。“于是，”向导对我说（朋友们，历史上确有其事），“他们发现了整个人类历史上一流的戈尔康达[1]金刚石矿，它甚至胜过了金伯利矿。英国和俄国王冠宝石用的世上最大的科依诺尔钻石[2]和沃罗弗钻石，即来自于此矿。”

这个老阿拉伯向导讲述完故事的第二章后，取下头上的土耳其帽又挥舞起来，以便让我注意到故事的寓意。这是那些阿拉伯向导的习惯，他们希望自己所讲的故事包含深刻寓意，虽然它们并非总是如此。他一边挥舞帽子一边对我说：“假如阿

[1] 印度南部一古都，曾以出产金刚石闻名世界。

[2] 指印度的一颗原重 191 克拉的历史最悠久的大金刚石，1849 年以来为英王御宝。

里·哈菲德不出去，在自己地窖里、麦地下面或花园中挖掘，那么他就会找到‘钻石之地’，也不会陷入悲惨处境，忍饥挨饿，最终自杀在异国他乡。因为那古老农场的每一片土地都藏着至宝，甚至每挖一下，都可以发现用于装饰君主王冠的宝石。”

第二章

人们都在犯的相同错误

——有钱人永远在学习，穷人认为自己什么都知道

他在讲述故事的寓意时，我便明白他为什么只把这个故事讲给“特殊朋友”听。不过我没告诉他自己已经明白了这一点。这个聪明的老阿拉伯人做事像个律师，不敢直说的话就绕着圈儿说，比如“他私下认为曾有某个年轻人沿着底格里斯河旅行，而这个年轻人还不如就待在美国自己的家里”。我没告诉他我已经明白他的寓意，而是说起另一个故事，这个故事带来的启发与老阿拉伯向导的故事很相似。因此，我把故事讲述给他以及在座的诸位。

故事是这样的：1847年在加利福尼亚有个男人，他拥有一个土地肥沃的大农场。他听说人们在加利福尼亚南部发现了金子，他也渴望得到金子，拥有让人羡慕的财富。于是这个野心勃勃的农场主把农场卖给夏特上校后，就离开家乡去南部寻找金子，从此再没回来。夏特上校在穿过农场的小溪上建起磨坊。一天，他的小女儿把一些水沟里的湿沙带回家，在炉火前用手指筛弄玩耍这些沙子，这时家里一个客人从落下的沙子中看见了闪光的真金碎屑，而这些真金碎屑正和加利福尼亚首次发现的一样！

那个拥有大农场的人想要金子，而他本来只需在农场里挖掘就可以得到。而且，自发现真金碎屑以后，人们仅从很少几块地里就获得了3800万美元的财富。大约八年前，我在那个农场附近的城市发表演讲时，了解到一位占股份1/3的农场主多年来一直以每15分钟收入120美元的速度增加着财富，无论他是睡着还是醒着，并且不用缴纳任何税。我们大家也可能拥有那样的收入，如果不必缴纳所得税的话。

不过正确说来，更好的例子就发生在我们的宾夕法尼亚州。如果说在讲台上我还有什么更喜欢的事，那就是找一个德国听众上来，向他连珠炮似的提出问题，今晚我也很乐意这样做。在宾夕法尼亚州曾经有个人，他与你们见过的一些宾夕法尼亚人一样：拥有一个农场，把它卖了。这我也会，如果我在宾夕法尼亚也有那么一个农场的话。但在卖之前他决定先得到一份替表兄开采煤油的工作，这个表兄在加拿大从事此项职业，他们在这个大陆流动的溪水中首先发现了燃料油。于是这个农场主写信给他表兄，要求得到一份这样的工作。瞧，朋友们，这个农场主绝非傻瓜。他懂得骑驴找马的道理，在没有找到别的事做之前，他不会卖掉自己的农场。在所有的傻瓜中，我还没听说有谁傻到没找到新工作就丢掉手头工作的。这对于我的职业生涯有重要的参考价值，而对于一心要离婚的人是没有意义的。当他写信向表兄求职时，表兄回答说："我不能雇你，因为你对煤油生意一无所知。"

瞧，这时农场主说："我会懂得的。"于是他凭着极高的热情（这是坦普尔大学学生的特点），着手学习煤油这门学科。他从上帝创造世界的次日[1]开始钻研，那时世界上的植被浓密茂盛，后来转化成原始的煤炭矿床。他研究着这门学科，了解到正是那些丰富的煤矿排出的液体提供了值得抽取的煤油，然后又知道了煤油如何随涌动的泉水流出。通过学习，他知道了煤油的形态、气味以及炼制方法。这时他写信对表兄说："我懂得了煤油这门生意。"他表兄回答道："好的，那么你来吧。"

[1] 第一日，神将光和暗分开，光称为昼，暗称为夜。第二日，神将空气以上的水和空气以下的水分开，为天，这里指从第二天。

根据县志，他以833美元卖掉了农场。他刚离开农场，新农场主就安排人让牲畜饮水。他发现先前的农场主在过去数年里一直把一块厚木板横放在谷仓后的小溪上，木板竖着放入水中只有几英寸（1英寸=2.54厘米），似乎是为了把一种什么东西挡住，否则牲畜就会嗅也不去嗅一下，直接到下方饮水。因此那个去加拿大的人二十三年来一直把大量煤油挡在了一边。十年后，美国宾夕法尼亚州的地质学家们宣布说，那些煤油即便在当时也价值1亿美元，四年前地质学家又宣布此项发现价值高达10亿美元。现在那片土地上已建成泰特斯维尔市[1]，曾经拥有它和“快乐谷”的那人从上帝创造世界的第二天就开始研究煤油这门学科，一直研究到完全掌握了它，但他仅以833美元把巨大的财富卖了。我再说一遍，那真是“无知”。

不过我还要讲另一个例子，是在马萨诸塞州得到的，我很遗憾，因为我来自那里。故事中的马萨诸塞州年轻人正好让我产生了另一种想法。

这个年轻人在耶鲁大学学习矿藏及采矿专业，并成为精通本专业的采矿工程师，因此被学校聘请来培训跟不上课程的学

[1] 美国宾夕法尼亚州北部城市，1796年初建，1859年8月城外钻成美国第一口油井。美国第一座炼油厂和大型天然气企业亦在此建立。

生。在高年级时他每周能挣15美元，毕业时学校把他的报酬提高到45美元，并将提升他为教授。可他却选择离开学校，回到了母亲身边。

假如学校把小伙子的报酬从15美元加到15.6美元，他倒会留下并为自己的职位自豪；可学校一下加到45美元，他反而对母亲说："妈，我不愿做一周45美元的工作。想想看，像我这种头脑的人一周才挣45美元！咱们去加利福尼亚吧，用立桩标出金矿和银矿，那时我们会变得非常富有。"

母亲回答道："查理，与其过得富有不如过得幸福。"

"不错，"查理说，"可为啥不能既富有又幸福呢？"

母子俩的话都对，谁也没有错。由于他是独子，母亲又是寡妇，所以就按照他的意愿做了，事情总是这样。

他们把马萨诸塞州的家产变卖之后，去了威斯康星州而不是加利福尼亚。他再次以每周15美元的报酬被高级铜矿采业公司聘用，不过在他的合同中有一个附带条件，即在为公司发现的任何矿藏中他应占有一定股份。我并不相信他发现过什么矿藏，假如我正直盯着那个铜矿公司任何一个股东的面容，你们就会希望他发现了什么。我有一些由于买不起门票没能来听演讲的朋友，就在那个年轻人受雇于公司时他们还占有股份。这个年轻人去了那儿，我没听到他的任何消息。我不知道他怎样了，也不知道他是否发现了矿藏，但我不相信他发现了。

不过我却知道事情的另一面。当年轻人刚离开自己的老家时，接管的人就来到地里挖土豆，他买下这块地时土豆已在生长。这个老农夫把一篮子土豆带回屋时，篮子被紧紧卡在了石头围墙缝里。要知道马萨诸塞州的农地几乎全用石墙围着，前门总是被留得很窄小，因为你得留出一些地搁石头。由于篮子被卡得很紧，他干脆把它放到地上，用力拉着它的两边往前走。这时农夫注意到就在大门旁那个石墙的上角和外角里，有一块8平方英寸（1平方英寸=6.4516平方厘米）的未经提炼的银子。那位精通矿藏、采矿业和矿物学的教授，因为不愿做每周挣45美元的工作，把马萨诸塞州的地产出售时恰恰就坐在那块银子上谈价钱。他在这块地上出生长大，用衣袖在那块石头上擦来擦去，直到它光亮得能映照出他的面容，仿佛对他说："这下面就有10万美元，你只需拿去就行了。"可是他不愿去拿。它就在马萨诸塞州东北部城市纽伯里波特的一个农场里，但人们却根本没想过那个地方会有银子，人们都相信银子在远方。当然，我也不知道在哪里，他也不知道，只知道在别的什么地方，而他还是一名矿物学教授呢。

朋友们，这样的错误是非常普遍的，我们也没必要嘲笑他。我常常想他现在怎么样了，可我对他的情况一无所知。不过作为美国人，我的猜测是他今晚就坐在炉火旁，身边围着一些朋友，他正对他们说着这样的话："你们认识那个住在费城的康威尔吗？""哦，是的，我听说过他。""你们又认识那个住在费城的琼斯吗？""是的，我也听说过他。"

然后他就开始笑起来，抖动着身子对朋友们说："瞧，他们所做的事与我完全一样。"这不是笑话，因为你们与我所做的事与他所做的别无两样，当我们坐在这儿嘲笑他时，他更有权利嘲笑我们。我明白我也犯了相同的错误，不过这毫无关系，因为人们很难做到说到做到。

我今晚来到这儿，环顾一周，又见到了五十年来我经常看见的情景：人们都在犯着那些完全相同的错误。我希望能看见更年轻的听众，希望这里今晚坐满了高中和初中学生，这样我就能与他们谈谈。尽管我更喜欢他们那样的听众，他们还没长大成人，最容易受到影响，尚没有我们的那些偏见，习惯尚未定型，也没有经历过我们所遭遇的失败；尽管我可能给他们那样的听众带去较成年人更多的好处，但我也会充分利用好自己手中掌握的素材，告诉他们如今费城就有“钻石之地”。“哎呀，”你们会说：“如果你认为这儿有任何‘钻石之地’，你就没有完全了解你的城市。”

我对报上关于那个年轻人在北卡罗来纳州发现钻石的报道极感兴趣。那可是一颗至今被发现的钻石中最纯净的一块，而在同一地点附近就曾有几位先行者探寻过。我去拜访过一位著名的矿物学教授，问他那些钻石来自何处。教授找来美洲大陆地图，在上面寻找。他说要么来自适合出产钻石的石炭纪岩层，这些石炭纪岩层向西伸展到俄亥俄州和密西西比州，或者向东延伸至弗吉尼亚州，沿大西洋海岸而上。这些地方也有人发现过钻石，人们在那里发现钻石并出售它，漂流时期还把这些石炭纪岩从北部一些地区运过来。瞧，谁能说费城的某人不会在下面什么地方发现钻石矿痕迹呢？啊，朋友们！你们不能说自己脚下并不存在世上最大的钻石矿，因为蕴藏钻石的也是最有利可图的矿藏存在于地球的任何地方。

注意这只是为了阐明我的思想，我才这样予以强调的：如果说你们没有真正的钻石矿，那么你们也拥有一切对自己有益的东西。正是如此，英国女王以其典雅的服饰而受到美国女性前所未有的盛赞，虽然她在英国最近的一次招待会上根本没戴珠宝，钻石的装饰也几乎没有。但如果你们要显得端庄，只需一点配饰就行，其余的则全部换成金钱。

瞧，我再说一遍，获得大笔金钱、走上致富之路的机会就在今天的费城。今晚听我讲话的每个人都有这种机会，我的话是真的。我不是到这个讲台上来向你们背诵什么，而是来告诉你们，上帝只相信真实的东西。假如我没虚度年华，并获得一些生活常识，那么我知道自己做得对。今晚坐在这儿的男女，也许买一张演讲会门票或参加这次聚会都感到困难，但你们仍可以到达“钻石之地”，都有机会变得富有。世上没有一个地方比今天的费城更适合致富，世界史上也从没有一个身无分文的穷人能有如此多的机会，在我们现在的城市正依靠诚实迅速富有起来。这是真话，也希望你们相信我，因为假如只是来背诵什么的，那我宁可不来。我没有时间可以浪费，我只是说自己相信的事，如果今晚的这些话不能帮助你们变得更加富有，那么我花的时间就徒劳无益。

第三章

资本与富有的关系

——有钱人专注于机会，穷人专注于障碍

你们应该致富，致富也是你们的责任。许多次，虔诚的教友们困惑地对我说："作为一名牧师，你为何要花这么多时间往返于全国各地，向年轻人传授赚钱致富的经验呢？""是的，我当然要这么做，"我回答。他们又问："这不可怕吗？为什么你不宣讲《福音》，却告诉人们去赚钱？""因为正正当当地赚钱就是在宣讲《福音》。"我说。

这话是有道理的，致富的人也可能是社会上最正直的人。

也许会有年轻的朋友说："我一直听人说，一个人有了钱就会很不诚实，变得卑鄙可耻。"朋友，正因此你才没有钱，你对人怀有偏见，你那种看法从根本上就错了。简明扼要地说，（虽然问题是可以讨论的，只是此时时间不允许）美国98%的有钱人都是正直的，他们因正直而富有，因正直而有钱，也因正直而创办大型企业，同时有许多人与之共同工作，就因为他们是正直的人。

也许另一个年轻人会说："我听说，一些人是靠欺骗赚到数百万美元的。"你们当然听说过，我也听说过。可事实上，这样的人极少，以致报纸总把他们当作新闻大加谈论，使人们误以为所有有钱人都是靠欺骗发财的。

朋友，你们开着车载着我到费城郊区走走，就会看到那些在这座大城市郊区居住的每个家庭都有自己美丽的花园，这些花园有着美妙可爱的造型；那么同样，你们会看到他们的思想品质以及冒险精神在这座城市中都是超凡出众的，你们应该知道我这样做的目的。一个人只有在有了家之后才算得上是一个合格的人，而这时他也会为之变得更加正直、纯洁和可敬。

因为一个人有钱，甚至拥有大量的钱，本来是一件很正常的事。你们知道，在讲道坛上我们是反对贪婪的，而且一直持反对意见，言语中大量出现"不义之财"这些词语，以致只要我们站在讲道台上，基督徒们就相信任何有钱人都是邪恶的，而当人们提着篮子集资募捐时，却在诅咒不多给一点钱的人。唉，这是多么矛盾的教育啊!

金钱就是权力，你们应该用富有理智的雄心去获得它。之所以应该，是因为有钱比没钱能做更多的好事。有钱才能印出

《圣经》，才能雇请教士，而如果不支付薪金又如何能请到他们呢？我总希望教会给我加薪，因为支付薪金最多的教会往往也是最容易加薪的，普遍如此，没有例外。一个人获得高额薪金，便可凭着自己的能力做出最好的事情。只要他正确利用所获得的金钱，他当然能够做出最好的事。

瞧，如果你们能在费城正当地致富，那你们就可以拥有金钱，这也是基督徒神圣的职责。有些虔诚的人认为若要对神虔诚，就必须一贫如洗，这是一个可怕的错误信念。

一些人问："难道你不同情穷人了吗？"我当然同情，否则这些年来我就不会到处讲演了。虽然同情穷人，但我仍坚持上述看法，需要同情的人并不太多。同情一个因其罪过而受到上帝惩罚的人，并在上帝对他进行公正处罚期间去帮助他，这无疑是一个错误，我们应该帮助那些更值得帮助的人。当我们同情上帝的穷人时，即那些不能自助的人，请记住，美国没有一个穷人不是因为自己或他人的不足而变穷的。无论如何，贫穷不是好事，咱们暂且不争论这个吧。

这时后面一位绅士站起来，说："你认为世上就没有比金钱更美好的东西了吗？"当然有，可我此时是在谈论金钱，世上确实存在高于金钱的东西。凭着自己庄严的职责（我独自站在这里的原因），我相信世上还有比金钱更高尚、甜蜜和纯洁的东西，也很清楚有些东西比金子更高贵、更重要。爱就是世上最为崇高的东西，更幸运的是有爱心的人大多有不少金钱。金钱是权力，金钱是力量，金钱既可做好事又可做坏事。在好人的手里金钱能够而且已经做下了好事。

我现在就必须说说这样一件事，在本市的一次祷告会上，我看见一个男人站起来，他感谢上帝让自己是“上帝的一个穷人”。唉，真不知道他的妻子作何感想？家里的收入全是由妻子挣来的，而他却坐在阳台上抽烟，花掉妻子的工作所得。我不愿意再见到这种穷人，相信上帝也不愿意。这些人认为要对上帝虔诚就必须穷得叮当响，穿得一身脏，这是根本行不通的。我们一方面要同情穷人，另一方面也要杜绝宣讲那样的信条。

然而这个时代本身就带有偏见，不允许一个基督徒（或如犹太人所说的一个虔诚正直的人）变得富有。个人认为这种偏见由来已久，而且相当普遍，所以我无法准确说出究竟是在哪一年。在坦普尔大学的神学院，有一个自认为是那个系唯一虔诚的年轻学生，在一天晚上走进我的办公室在桌旁坐下，对我说："校长先生，我认为自己有责任来同你谈谈。现在到底怎么了？我听说你在这个学院以及皮尔斯学院的毕业典礼上说，你认为年轻人渴求致富是一种可敬的抱负，年轻人会因此变得节制并渴求名望，从而勤奋起来。你谈到一个人想要有金钱便有助于他成为好人。先生，我需要来告诉你，《圣经》上说'金钱乃万恶之源'。"

我对他说我从没见到《圣经》里这样说过，并建议他到教堂去把《圣经》拿来让我看看。于是他就出去拿《圣经》，不久便拿着打开的《圣经》大踏步走进我的办公室，一脸固执傲气，像是狭隘的宗派主义者或将自己的基督精神建立在曲解《圣经》基础上的人那样。他把《圣经》一下子甩到我桌上，尖声对着我的耳朵说："拿去吧，校长先生，你可以自己看看。"我说："瞧，年轻人，等你再长大一点后，你就会明白，不能让另一宗派的人替你读《圣经》，你是属于另一个宗派的。无论如何，在这个神学院里你学到的是对《圣经》的诠释。现在，你拿着《圣经》自己读一下，并给予它恰当的解释好吗？"

他拿起《圣经》，得意地读起来："爱恋金钱乃万恶之源。"

这次他纠正过来了，只有当一个人正确引用这本古老的《圣经》时，他才能够引用出绝对的真理。半个世纪来，我经历了围绕《圣经》所进行的最激烈的战斗，并于有生之年看见它的旗帜自由飘扬；因为历史上的伟人们普遍认为《圣经》是正确的，是完全正确的，现今的伟人们也持有同样的观点。

所以我说，当他正确引用时，他当然就可以引用出绝对的真理。"爱恋金钱乃万恶之源。"就像一心要成为暴发户或以不正当手段谋求财富的人，无疑会落入许多陷阱。什么是爱恋金钱？就是金钱崇拜，绝对的金钱崇拜时刻受到《圣经》和大众的谴责。绝对崇拜金钱而不是想着合理利用它的人，他们往往以金钱为偶像，将它们放进地窖、藏入长袜，或拒绝拿去投资以有利于世人，像是守财奴，把金钱抱得紧紧的直到老鹰[1]都会发出尖叫，在这种人身上才存在着万恶之源。

我想现在我可以把那事放一放了，以便回答几乎是所有人的困惑："在费城有机会致富吗？"唉，瞧，发现财富在何处是一件多么简单的事，而你们一旦发现它在哪里，它也就是你们的了。后面的一些老先生站起来说："康威尔先生，你在费

[1] 本处是一个巧妙的比喻，指美国1933年通行的价值10美元的鹰徽。

城生活了三十一年，难道不知道在这个城市赚钱的时刻已经过去了吗？”“不，我不这样认为。”“可事实的确如此，我已试过了。”“你做的什么生意？”“我在这儿开了整整二十年商店，赚的钱从来没超过1000美元。”

“嗯，那么，你可以根据这个城市所给予你的报酬来衡量你带给它的利益，因为一个人根据他所获得的报酬就能够判断其自身价值，即此时他对于这个世界的意义。如果你二十年来在费城赚的钱没超过1000美元，那么还不如让人在十九年又九个月前把你踢出这个城市。如果一个人在费城开店，即便是非商业区街角的一家杂货店，二十年来赚不到至少50万美元，那么他无权在费城开店。”你会说：“现在开一家店5000美元也赚不到了。”哦，朋友，如果你们到四个街区去转转，用铅笔记下人们需要什么、你应该供应些什么，算算如果做到这些能赚到多少利润，那么你很快就会明白。财富就在你的身边。

有人说：“你对生意一窍不通，说教的人是一点不懂得生意的。”嗯，那么我不得不证明对于做生意我可是一个内行。我并不喜欢这样做，却又不得不这样，否则我的陈述就没有人接受了。我父亲曾在乡下开了一家店铺，如果说天底下有什么地方可以让人体验到各种各样的商业交易，那就是乡下的店铺。我并不认为自己有这种经历值得得意，不过父亲有时需要离开时就让我管理店铺，虽然这种情况不算太多。可下面的事的确出现过许多次：一个男人走进店铺，问我："有折合刀吗？""没有，没有折合刀。"我回答，然后哼着调子到一边去了。不管怎样，我才不在乎那人做什么。之后另一个农夫走进来问："有折合刀吗？""没有，没有折合刀。"我回答，又哼着调子转身走开了。然后第三个男人从同一扇门走进来，问："有折合刀吗？""没有。唉，干吗这儿人人都在问折合刀？你以为我们开这个店铺就是为了给附近的人供应折合刀吗？"你们在费城有那样的店铺吗？问题就在于我当时没有明白对上帝虔诚的基础与在生意上成功的基本原则是完全一致的。说"我不能把信仰运用到生意中"的人表明他要么不善于做生意，要么正走向破产，要么是一个窃贼，三者必居其一。他用不了几年就会败落的，如果他不把信仰运用到生意中只会遭受失败。如果我按照基督教的神圣信仰管理父亲的店铺，我就会在第三个顾客问及折合刀时卖一把给他。那样我实际上还为他做了一件好事，自身也会得到报偿，这是我应该享有的。

有一些过分虔诚的基督徒认为，如果你在出售的东西上赚取利润，那么你就是一个邪恶的人。与之相反的，如果你出售的商品价格比成本还低，那么你又是一个罪人，因为你没有权利那样做。你不能把钱托付给一个连自己的钱都管理不好的人，不能相信一个对妻子都不忠诚的人，也不能相信世上一个不以自己的心灵、个性和生活为起点的人。给第三个或第二个顾客供应折合刀并从中获利，本来是我的责任。我没有权利出售商品而不赚取利润，正如我没有权利以超过其价值的售价来谋取不义之财一样。我所出售的每一批货物，应该保证让顾客从中获得与我相等的利益。

自己可以生活与让人也可以生活是《福音》的原则，也是普通常识。啊，年轻人，听我说吧：要好好地生活下去，不要等到像我这般年纪才开始享受生活。假如我过去有数百万美元或一半（这些年我一直努力挣得这笔钱）得到的好处，还不如今晚我在这个神圣的场所中得到的好处。哦，是的，我今晚由于分享自己思想而获得了超过100倍的报偿，正如这么多年来我在一定程度上始终努力的那样。我本来不应该这样说的，因为这听起来显得自负，不过我的年龄够大的了，这样做是可以被大家接受的。我本就应该帮助同胞，我也为之尽了力，每个人都应该努力，并从中获得幸福。一个人回家时如果偷了1美元钱，想到他抢走了另一个人靠诚实劳动获得的应有报酬，那么他是不会安宁的。次日早晨起床他会疲惫不堪，带着肮脏的良心去上班。虽然他可能有数百万美元，但他根本算不上个成功者。但是如果他一生都与同胞分享利益，一方面获得自己的权利，另一方面也给予别人权利，那才叫真正地生活，并且正走在极其美好的富贵之路上。成千上万百万富翁的经历证明了这一点。

那个说他在费城赚不到什么钱的人，一直按照错误的原则经营店铺。假设我明天早上走进你的店问你："你认识不远处1240号的那个邻居吗？"你回答："哦，是的，我遇见过他。他在拐角处那家店做生意。""他是哪里来的？""不知道。""他家里有多少人？""不知道。""他投谁的票？""不知道。""他上哪个教堂？""不知道，我也不关心，你问这些问题干什么？"

假如你在费城有一家店铺，你会那样回答吗？如果那样，那么你也正像我在马萨诸塞州沃辛顿经营我父亲的生意一样。

你的新邻居迁到费城来时，你不知道他从哪里来，也不关心那些。然而如果你对此关心的话，那你现在就会是一个有钱人了。如果你不仅十分关心，并且对他的事很感兴趣，知道他需要什么，那么你就会变得很富有了。可是你却到处对人说“根本没有致富的机会”，因此贫穷的原因就在于你自己。

这时那边另一个年轻人站起来说：“我可不能从商。”（我谈到“Trade”一词时是指各行各业）“为什么你不能从商？”“因为我没有任何资本。”唉，真是个不明事理、软弱无能的花花公子！这些小花花公子站在角落说：“唉，如果我有很多资本，我就会变得富有。”真让人感到泄气。“年轻人，你认为有了资本就会变富吗？”“当然！”嗯，我说：“当然不会！”如果你母亲有很多钱，她资助你经商，你反而会“资助她开始经商的”。

一旦年轻人得到的金钱数量超过其实际努力应该获得的数量，他就已经受到了诅咒。老实说，让年轻人继承钱财对他并无益处，但如果你让其接受教育，让他们养成崇高的品质、广交朋友，拥有令人敬佩的名声，远比给他们钱要好得多。把任何钱财留给他们，无论对其个人还是对国家都更为不利。嗨，年轻人，如果你继承了遗产，可别把它看作是一种帮助。在今后的岁月里它都将诅咒你，使你失去人生中最美好的东西。世上最可怜的一类人，就是我们这一代中那些毫无生活经验的富家子弟。我可怜他们，因为他们根本不知道生活中最美好的东西是什么。

第四章

需求在于发现

——有钱人相信创造人生，穷人相信命中注定

一个青年男子能够自食其力，与某个可爱的姑娘订了婚，并决心建立属于自己的幸福家庭，这是他人生中最美好的一件事。

这份爱促使他产生神圣的责任感，希望获得更加美好的东西，于是他开始存钱，开始放弃不好的习惯，把钱存入银行增值。当有了几百美元时他便会到郊区寻找住房。他也许需要到银行贷一些款，之后才能娶妻子。他第一次把新娘接进家门时说话的那种口气，让我也为之自豪："我靠自己的努力得到这个家，它是我的，现在我将和你一起分享它。"这将是人生中最不平凡的时刻。

但富家子弟根本无法拥有这样的体验。他或许会把新娘带进一幢更加豪华的住宅，一路对妻子说："那个是我母亲给的，那个也是我母亲给的，这个也是我母亲给的。"到最后妻子真希望嫁的不是他而是他母亲。我可怜他们！

马萨诸塞州的统计数字表明：富家子弟在死亡时仍然身价

富有的不足1/17。我可怜他们，除非他们也像德高望重的范德比尔特[1]那样明智，而此种情况也是时有出现。范德比尔特曾问他父亲："你的钱都是自己挣来的吗？""是呀，儿子，我最初在一条渡船上干活，每天挣25美分。"父亲回答。儿子说："那么，我不要你的钱。"那个礼拜六晚上，他也去一条渡船上找活干。虽然没有找到每天挣25美分的，但找到一个周薪3美元的工作。毫无疑问，如果一个富家子弟也这样做，他就会接受到与贫穷男孩一样的磨炼，这比上大学更有价值。只有经这样的磨炼后他才能够管理好父亲的数百万财产。可是很多有钱人通常不愿让自己儿子做那样使孩子变得不平凡的事，不愿让儿子辛勤工作，他们的母亲更是如此！唉，她们认为如果自己养尊处优的儿子不得不靠诚实劳动来维持生计，是很丢脸的。我对这样的富家子弟毫无同情之心。

在费城的一次盛宴上，一个友好的青年曾坐在我旁边，对我说："康威尔先生，你病了两三年，所以出去时就坐我的豪华轿车吧，我可以送你到布罗德街的住处。"我非常感谢

[1] 范德比尔特（1794-1877），美国航运行业和铁路行业巨头，以经营渡船起家，创建了航运公司，主要经营从纽约到旧金山的客货运输业务，后又拥有纽约－哈莱姆铁路及纽约中央铁路等主干铁路线。

他，也许我不应该这样提到此事，不过我应该遵从事实。我上了车，路上我问司机："这辆豪华车多少钱？""6800美元，另外还必须交税。"他回答。"啊，"我说，"车主自己开过车吗？"一听这话，年轻司机哈哈大笑。这个问题使他吃惊，以致他不小心把车开到了人行道上，绕过拐角处的一根灯杆又回到街上。这时他又笑着，致使整个车子都抖动起来。他说："他开车？啊，假如我们到目的地时，他知道怎么从车里出去就够幸运了。"

我得告诉你们我在尼亚加拉瀑布那里遇到一个富家子弟。那天我演讲完后来到旅店，走向服务台时见那儿站着一个从纽约来的大富豪的儿子。有些人的模样实在难以形容，他便是其中之一。他斜戴一顶无檐便帽，帽子顶部有一根金制饰针，胳膊下夹着一根金头手杖，其含金量比他头上的都多。要描述这样一个年轻人相当困难，他戴着一副可能会使他无法看清事物的茶色眼镜，穿一双令人无法行走的漆皮靴和一条令人难以坐下的裤子，总之打扮得不伦不类。正当我进去时，这个"人体玩具"也来到服务台前，他调整一下不能看得清晰的眼镜，开始同服务员说话。瞧，他口齿不清，让人难以听懂。他说：

“歪（喂），快给我一吸（些）字（纸）和新逢（信封）！”服务员迅速打量他一下，从抽屉里取出信封和纸，丢给年轻人，又转过头记账去了。信封被丢过柜台时，你们真该看看那个富家子弟的样子。他像一只雄火鸡似的暴跳如雷，调了调看不清晰的眼镜，吼道：“回来！歪（喂），叫一个普（仆）人把字（纸）和新逢（信封）拿到哪（那）个坐（桌）上。”唉，这个可怜的美国浑蛋！只有20英尺（1英尺=0.3048米）远，他都不能自己拿过去。我对这种变态的人毫无怜悯。年轻人，如果你们没有资本，我倒觉得高兴，你们需要的是常识而非钱币。

我需要举证一些众所周知的事实来说明问题。A.T.斯图尔特[1]曾是纽约的一个穷孩子，他是凭着1.5美元开始创业的。他第一次冒险投机损失了87.5美分。初次冒险投机就损失钱财，这对他而言是多么幸运。这个孩子当时说道：“我再也不冒险做生意了。”的确如此。他是怎么损失87.5美分的呢？你们也许都知道这个故事，那是由于他买了一些人们不需要的针、线和纽扣去卖，它们积压在手头变成“纯损”货，他又说：“我

[1] A.T.斯图尔特（1803-1876），美国著名纺织品商人。他在1962年开设了世界最大的零售商店，不仅在欧洲六国设有办事处与仓库，而且购买了许多纺织厂的控股权。

再也不这样损失钱了。”于是他先挨家挨户登门拜访，询问人们真正需要什么。得知他们的需求后，他便用剩下的62.5美分投资，为他们提供需要的商品。无论是在生意、职业或家务管理上，无论你的生活怎样、选择做什么，都需要认真考虑，这是成功的秘密所在。你必须先知道人们的需求，然后把钱用到最需要你投资的东西上。A.T.斯图尔特一直坚持着这一原则，这使他的财富后来达到4000万美元，并拥有了沃纳梅克先生[1]在纽约开展其伟大事业的那家店铺。A.T.斯图尔特因有所失而获得财富，并从中得到深刻的教训，明白必须只投资于某种人们需要的事业。作为销售员，你们何时懂得这一点？作为制造商，你们何时才能明白若要取得人生的成功就必须了解人们不断变化的需求？所有的基督徒们，作为制造商、贸易商或劳动者，一心一意为人们提供需求品吧，这是一个伟大的原则，它像博爱一样宽广，像《圣经》一样深刻。

我所听到的最好例子就是关于约翰·雅各布·阿斯特[2]的

[1] 沃纳梅克（1838-1922），美国最早一批百货商店的创办人之一。他以成功地使用广告而闻名。

[2] 约翰·雅各布·阿斯特（1763-1848），美国皮毛业商人，1800-1817年曾在中国经营皮货获暴利，后发展成为美国著名的富豪家族。

事。大家都知道他在纽约生活时便为阿斯特家族赚了大钱。他曾越过大海，因付路费欠下债务。但就是这个身无分文的穷孩子，凭着一个原则为阿斯特家族赚了不少钱。也许今晚某个年轻人会说："嗯，他们能够在纽约那边赚大钱，但在费城却办不到！"朋友们，你们读过里斯[1]（他刚去世不久，给我们留下美好的名声）的那本极好的书吧，里面有他根据1889年对纽约的107名大富翁的情况记录写下的统计报告。如果你们读了这个报告，就会知道在这107名大富翁中，只有7名是在纽约赚到大钱的。这107人中当时不动产价值有1000万美元的，就有67人，而且他们是在居民不足3500人的镇上赚到的钱。如果你们了解不动产的价值，就会知道今天最富裕的美国人从未离开过有居民3500人的城镇。你在哪里以及你是谁，这都关系不大。但假如你在费城不能致富，那么在纽约也赚不了钱。

约翰·雅各布·阿斯特向我们证明了在任何地方都能把事情办好。他曾给一家女帽店抵押借款，而店里卖出的帽子连支付他的利息都不够。于是他取消了抵押品赎回权，拥有了店

[1] 里斯（1849–1914），美国新闻记者、社会改革家，以描述纽约贫民窟的《另一半人怎样生活》一书而闻名，另著有自传《一个美国人的成长过程》等。

铺。同样的人用同样的资本经营同样的店铺。他没有给他们注入一美元的投资资金，他们必须卖出商品才能赚钱。然后他让店铺的工人仍像过去一样留在店里，自己出去坐在公园里树荫下的一个条凳上。阿斯特选择与那些失败过的人合伙经营店铺，可他此时在公园里做什么呢？他正做着最重要的，在我看来也是最愉快的工作。阿斯特正坐在凳子上观察经过的女士们，像他这样的人哪有不靠做这种生意赚钱的？他坐在凳子上，如果某位女士经过时肩膀背对着，头高高抬起，直视前方，好像即使全世界的人都盯着她，她也不在乎似的，那么他就仔细观察她戴的帽子，等她消失时他已知道了帽子的形状、装饰物的颜色，以及羽饰的褶皱。我有时也极力描述一顶帽子，但只偶尔为之，我不愿极力描述一顶现代的帽子。现在谁能描述一顶帽子呢？现在人们把各种各样的废物都集中到了头后部或脖子一边，像一只仅剩下一根羽毛的公鸡一样。但在阿斯特那个时代，人们在女帽生意方面是很讲求究艺术的。他来到女帽店对店里的人说："我给你们描述一种女帽，然后你们把这样的女帽做好放在橱窗内，因为我已看见一位女士喜欢它，在我回来前别再增添什么。"之后他又到公园里坐下，看见另一个体形和肤色都与之前一位不同的女士经过，戴着一顶形状和颜色均不同的女帽。“现在，”他对店员说，“把这样一种女帽做好也放入橱窗内。”他并没在店内摆满男女帽子，以致将人们赶跑，然后自己坐在后面的楼梯上大声叫骂，因为顾客都到沃纳梅克的店铺买东西去了。他只是把某个女士喜欢的而且尚未大量生产的新式帽子放在了橱窗里，使得此种女帽立即风行起来，他们的店铺后来也成为纽约本行业中的老大，如今仍然是三家最大的女帽店之一。是阿斯特在他们失败后帮助该店赚了钱，他并没有再给他们资金，而是在他们造成生产浪费前发现了女士们喜欢什么样的女帽。告诉你们吧，假如一个人能预见到女帽生意的兴旺，那么天底下的任何事情他都能够预见！

假设我今晚从你们当中走过去，问你们在这个以制造业为主的大城市里是否在制造方面就没有了致富机会了。“哦，有的，”某个年轻人会说，“只要树立信心，只要有两三百万美元做启动资金。”年轻人，历史上一些人对“大生意”进行攻击，认为它使人们丧失信心，这只说明了小人物的机会就在眼前。世界上，再没有哪个时候像现在这样没有资本也能靠从事制造业快速致富的。

但你会说：“这是无法办到的，没有资本，生意就难以启动。”年轻人，让我再举例说明一下吧。我必须这样做，这是我对每个年轻人应尽的责任，因为不久我们都将遵照同样的法则开始事业。年轻人，请记住，如果你知道人们的需求，那么你对于财富的知识比任何数量的资本给你的都多。

在马萨诸塞州的欣厄姆镇，曾有一个贫穷的失业者。他整天在屋子周围闲逛，直到有一天妻子让他出去找工作。由于生活在马萨诸塞州，他便听了妻子的话。他来海湾坐在岸边，把一块浸湿的木片削制成木链。那晚孩子们吵着要它，于是他又削制了一条让他们别吵。正当他削制第二条木链时一个邻居走进来，说：“你为啥不削制玩具出售呢？你可以用这种办法赚钱呀。”“这个，”他说，“我不知道做啥好。”“为啥你不问问自己家的孩子？”“那有啥用？”木匠问。“我的孩子与别人的孩子不同。”（我在学校教书时常听到人们这样讲）不过他还是照邻居的建议开始了行动。次日早上，当女儿玛丽走下楼梯时他问她：“你想要什么样的玩具？”女儿说她想要洋娃娃床、洋娃娃洗脸盆、洋娃娃车、洋娃娃小伞，于是他将这些东西列了个清单并开始工作，因为要供应他们的需要，他可需要花去不少时间。这样，他通过在自己家里向孩子们咨询，用木柴做原料（因为他没钱买木料），削制出结实、未漆过的“欣厄姆玩具”，后来它们闻名世界。这个人当初是为自己孩子做玩具，后来他开始复制它们并通过隔壁的鞋店出售。他先赚了一点钱，后来赚得多一些，最后劳森（原文Lawson，待考）先生在他的《疯狂财源》中说这个木匠成了老马萨诸塞州最富有的人，我想这应该是真的。那个人今天的身价也高达1亿美元，而他依照那个原则赚到这么多钱时才34岁，这一原则就是，你可以根据自己孩子喜欢什么判断出别人家的孩子也同样喜欢，根据自己、妻子或孩子判断别人的心情，这是在制造业方面走向成功的最佳之路。“嗯，”你会说，“难道他当初没有任何资本吗？”是的，有一把小刀，但我可没听说他的小刀是花了钱的。

第五章

你的财富就在身边

——有钱人愿意冒险行动，穷人总是自我设限

我在康涅狄格州新不列颠市这样对听众们发表演讲时，发生过这样一件事：后面第四个座位上的一个女士听完演讲后走回家，极力脱掉身上的衣领，但是领扣被卡在了纽扣孔里。她把它抛开，说：“我要弄一个比这更好的衣领。”她丈夫却说：“你今晚听了康威尔说的话，就发现需要改进一下领扣，想让衣领更容易戴上或脱下。人们需要这样呀，你马上要发大财了。瞧，弄出一种新的领扣来吧，好赚大钱呀。”他是在取笑她，也在取笑我，这真是一件最可悲的事，它像午夜的阴云一样笼罩着我，虽然我努力工作了半个多世纪，但我实际做出的成绩是微小的。尽管你们今晚会极漂亮地恭维我，可我仍确切地相信在今晚听我演讲的人当中，今后将赚到100万美元的人不足1/10。不过这不怪我而怪你们自己，我是真心诚意地这样说的。假如人们根本不采纳我的建议，那么我说的话有什么用？当上面那个女人的丈夫嘲笑她时，她便决心做出更好的领扣，而当一个女人下定决心，并不再犹豫、怀疑时，她真的会做到。正是这个新英格兰女人发明了如今到处可见的摁扣。它最初是一个由弹簧帽附在外面的领扣。只要穿过防水服的人都知道这种纽扣只需摁在一起即可，解开时只需拉开，这就是她发明的那种纽扣。后来她还发明了其他几种纽扣，接着进行更多投资，然后合伙经营一些大型工厂。现在这个女人每年夏天都要乘坐她的私人轮船越过大洋，是的，带着她的丈夫！假如她丈夫去世，她也会有足够的钱按照最近报价买到外国公爵、伯爵或类似的某种头衔。

瞧，我从中给予了什么告诫呢？虽然我当时不认识她，但却告诉了她现在对你们说的话："你的财富就在身边，你正低头看着它。"她之所以不得不低头看它，是因为它就在她的下巴下面。

我曾在报上读到女人从未发明过任何东西这样的消息。唉，这样的报纸真应该重办。我当然不是指流言蜚语，而是指机器，如果我指流言蜚语，男人应该包括在内。假如女人没有发明过东西，那么报纸便绝不会产生。朋友们，想想吧！女人们，想想吧！你们说自己难以致富，因为你们不是在洗衣店洗衣就是在缝纫机前缝纫，或者在某台织机前走来走去；然而只要沿着正确无误的方向前进，你们也能成为百万富翁。

你们说女人不会发明东西，那么我问，是谁发明了织出衣服每一针线的提花机？是雅卡尔夫人[1]。印刷滚轮和印刷机也是由农夫的妻子发明的。在南方是谁发明了为美国带来惊人财富的轧花机？是杰勒拉尔·格林夫人，她把这个灵感告诉了惠特尼先生，惠特尼抓住了这一灵感。是谁发明了缝纫机？假如我明天走进学校问你们的孩子，他们就会回答："是伊莱亚斯·豪。"

内战时，伊莱亚斯·豪就与我在一起，经常待在我的帐篷里，我也常听他说他的经历，他用了十四年研制缝纫机。但有一天他妻子下决心说，如果他们不马上发明出什么东西就会挨饿了，于是她用两个小时发明了缝纫机。丈夫当然以自己的名义获得了专利，男人总是这样。是谁发明了割草机和收割机？根据麦考密克[2]先生最近发表的一封密信，发明者是西弗吉尼

[1] 雅卡尔夫人（1752–1834），法国发明家。她发明的提花机即以其名命名，即Jacquard。

[2] 麦考密克（1809–1884），美国Y-Jk家，发明家，1831年发明收割机，因建厂生产收割机致富，后组建世界最大的国际收割机公司。

亚州的一名妇女。在麦考密克同父亲研制收割机彻底失败并放弃之后，她把许多大剪刀固定在一块木板边缘，让每把剪刀其中的一边能够活动，然后缠上金属丝。这样当她将金属丝往一个方向拉动时剪刀便合上，往另一个方向拉动时剪刀便打开，这就是收割机的基本原理。假如你看看收割机，就会发现它不过由许多大剪刀组成而已。如果女人能发明收割机，如果女人能发明提花机、轧花机，能发明电车的电闸（从而使电车的出现成为可能），能发明为美国大量的钢铁生产奠定基础的巨型压铁机，那么正如卡耐基先生说："我们男人能够发明天底下的任何东西！"我这样说是为了鼓励男人们。

谁是世界上伟大的发明家？这一课题再次摆在我们面前。伟大的发明家就坐在你旁边，可能你自己就是。"嗯，"你们会说，"我有生以来从没发明过任何东西。"那些伟大的发明家在发现某个重大秘密前同样如此。你认为发明家是一个长着大脑袋或者思维如闪电般迅速的人吗？都不是。真正的伟人就是那些平凡正直而又不乏常识的人。如果没有看见他的成绩，你不会想到他是一个伟大的发明家。他的邻居也并不认为他很了不起。你从来就没注意过自己后院的栅栏那边有什么了不起的事。你说邻居当中没有什么伟大的事情，伟大的事情都在别处。而伟人总是那么简单、平凡、真诚，以致邻居和朋友们从来都看不出来。

真正的伟大通常是无法识别的，事实也确实如此。你对于伟大的男人和女人一无所知。我曾采写一篇关于加菲尔德将军的文章，他的一个邻居知道我时间紧迫，眼见加菲尔德将军家的前门围了不少人，就把我带到后门，大声喊道："吉姆！吉姆！"片刻后，"吉姆"便来到后门让我进去，之后我顺利写下了美国一位重要人物的传记。然而在邻居看来，加菲尔德将军仍然是过去那个"吉姆"。假如你认识费城的某个大人物，明天遇上他，那么你也会说"你好吗，塞姆"？或者说"早上好，吉姆"。你当然会的，的确如此，他们都是平凡而又真诚的普通人。

第六章

推开总统办公室的门

——有钱人用行动获取财富，穷人用梦想描绘财富

内战时期我的一个士兵曾被判处死刑，我来到华盛顿白宫，有生以来第一次拜访总统。我在等候室，与其他许多人一起坐在长凳上，秘书一一询问我们有什么愿望。他问完后走进屋里，然后回到门口示意我过去。我来到接待室，秘书说：“那就是总统办公室的门，你轻轻敲一下就可以进去。”朋友们，我一生中从来没有那么忐忑不安，秘书又让我感觉更加糟糕，因为他告诉了我如何进去，又如何从左边另一扇门出来并把门关上。瞧，我独自站在走廊里，面对着总统办公室的门。我曾经上过战场，有时炮弹尖叫着呼啸而过，我还曾被子弹打中，我总是想逃跑。当一个老头说“我迎着炮口而上，就像用餐那样简单”时，我不会给予任何同情；对一个被枪弹击中而不知害怕的人，我也无法信任。在安堤塔姆战役[1]中，当炮弹

[1] 时间为1862年9月17日，是美国南北战争中的一次决定性战役，以安堤塔姆河为名。

在我们四周飞来飞去时，都没有那天我走进总统办公室时那么害怕。但我终于鼓起了勇气（我也不知是如何办到的），隔着一定距离轻轻敲门。里面的人根本没来开门，而是大声说道：“进来吧，请坐！”

然后，我走进去，在一把椅子上坐下，真希望自己身在欧洲。这时桌旁的那人连头也没抬一下。他就是世界上的一位伟人，仅仅一个准则就使他变得伟大起来。这个准则对我们的城市和社会文明起到了极大的作用，为了这个作用我宁愿贡献一生。瞧，所有费城的年轻人此刻都面对着我，我可以只说一件事，让你们都记住。使亚伯拉罕·林肯变得伟大的准则几乎可以被所有人采纳，这个准则就是，无论做什么，只要是必需的就应全心全意去做，直到把它彻底完成为止。几乎任何人都可因此变得伟大不凡。林肯就那样靠着桌子专心地处理文件，没抬头看我一眼，而我却坐在那儿发抖。最后他把文件系上带子推到一边，看一眼对面坐着的我，疲乏的脸上露出了笑容。他说：“我是个大忙人，只有几分钟时间。现在请用最简短的话说明你的意愿。”于是我把情况告诉他。他说：“这事我已听说了，你不用再说什么，斯坦顿[1]先生几天前才与我谈起此事。你可以回到旅店去，放心好了，总统从没签署过枪毙一个年龄不足20岁的孩子的命令，今后也决不会签署。不管怎样，你可以把这消息告诉孩子的母亲。”

接着他问我：“战地情况怎么样？”我回答：“我们有时觉得泄气。”他说：“没事的，我们就要取得胜利了，光明就在眼前！我任期满后会感到高兴的，那时我和泰德将到伊利诺伊州斯普林菲尔德（伊利诺伊州首府）去。我在那里买了一个农场，即使每天仅仅挣25美分我也不在乎。泰德有一支骡队，我们打算种植洋葱。”

之后他问我：“你是在农场长大的吗？”我回答：“是的，在马萨诸塞州伯克希尔山区。”然后他把一条腿一下绕过大椅角说：“我小时候经常听说，在山里的人们不得不让羊的鼻子长得尖尖的，以便使它们能够吃到岩缝里的草。”他是那么平易近人，像个农夫一般，同他在一起，我立即感到了无拘无束。

然后他拿起另一卷文件，起身对我说：“再见了。”于是

[1] 斯坦顿（1814—1869），美国律师，陆军部部长。

我站起来走出屋子。出来后，我根本没有意识到自己刚拜见了美国总统。但在几天后，我看见人们从亚伯拉罕·林肯的棺材旁穿过灵屋；我看着这位遇刺的总统的面容，不久前我才拜见过的平易近人的男人，感到他就是上帝创造出的领导美国走向彻底自由的一位伟人。可是在邻居们眼里，他仅仅是隔壁的“老亚伯”而已。邻居们再次为他举行了葬礼，我应邀参加，前去向遗体告别；只见他的棺材被放入斯普林菲尔德的墓中，老邻居们围着坟墓，他们认为他不过是“老亚伯”罢了。他们当然愿意这样叫他。

你见过一个走路大摇大摆、很了不起的样子，完全不把干活的普通技工放在眼里的人吗？你认为他伟大吗？他不过是一只吹胀的气球，被自己的一双大脚阻碍着。这样的人毫无伟大之处。

谁是伟大的人？一天，我注意到一件极小东西的来历，它使得一个非常贫困的人得以发家致富。那是一件可怕的事，然而由于那次经历，这个穷人（他并非伟大的发明家或天才）发明了一种针，如今被称为“保险针”。就是凭着这种针，他发了大财，使他的家族也成为了美国的豪门。

在马萨诸塞州有个穷人曾在制钉厂工作，由于在37岁时受了伤，因此只能挣很少的钱。他被安排到办公室负责用橡皮擦掉票据清单上铅笔写下的字迹，这项工作并不太难，可是对于伤后的他来说也很难办，他常常擦得疲乏无力。于是他把擦子系在一根棍的顶端，用它像木工刨木一样擦着。这时他的小女儿走进来，说："呀，你有专利了，不是吗？"父亲后来说道："女儿见我拿起那根棍把擦子系到它顶端时，说那是一个专利，我才第一次想到。"之后他到波士顿去申请专利，如今你们每个兜里装着橡皮头铅笔的人都在向这位富翁支付费用。他没有一点资本、一点投资，他有的只是收入，直到成为百万富翁。

不过让我尽快谈到另一个更为重要的观点。"看看生活在费城的伟大男女们吧。"那边那个先生会站起来说，"我们费城是没有任何伟人的。他们不生活在这儿，他们生活在罗马、圣彼得堡、伦敦、马纳亚克（原文Manayunk）或其他任何地方，就是不生活在我们这里。"我现在已谈到自己观点的核心，谈到整个问题的核心以及演讲的中心所在：为什么费城就没有更多财富而成为更大的城市？为什么纽约会超过费城？人们会说："因为纽约有海港。"为什么美国的许多城市都走在费城前面？答案只有一个，那就是因为我们的市民贬低了自己的城市。如果地球上某个地方必须向前发展，那么这个地方就一定是费城。要建成一条林荫大道，人们会贬低它；要创办更好的学校，人们也会贬低它们；建立一条明智的法规，人们仍会贬低它。人们总是在贬低提出的各项改进措施。我只能把这件大错特错的事摆在美丽的费城面前，我处处感受到它的友好热情。我认为我们应该转变一下有关费城的思维方式了，我们要开始赞美费城发生的事情，要让它们展示在世界面前，正如芝加哥、纽约、圣路易斯和旧金山的人们那样。哦，只要我们的人民有了这种精神，我们就能在费城做一番事业并且把它们做好！

站起来吧，数以百万的费城人！相信上帝与自己，相信重大的机会就在这里而非纽约或波士顿，无论经商还是其他值得一做的任何事情。过去从没有这么好的机会！让我们开始赞美自己的城市吧！

但今晚这儿另有两个年轻人，我冒昧提出来，是因为时间已经很晚。一个年轻人会从那边站起来说："费城将产生一个前所未有的伟人。”“哦，是吗？那你何时变得伟大呢？”“当我被选上担任某官职时。”年轻人，你不想读一下政治初级读本中讲到的一课吗？上面说在我们的政府机构中担任官职并非伟大之事。伟人有时担任官职，但美国需要的是那些愿意服从人民意愿的人。美国是由人民统治的国家，只要它存在，就是既民治又民享的，而官员只是人民的公仆。《圣经》说：“仆人不能比主人伟大。”《圣经》又说：“被派遣者不能比派遣者伟大。”国家应该由人民统治，如果这样，国家的公职就不需要更伟大的人。假如美国的伟人担任了公职，那么在今后十年里我们的国家就会变成一个帝国（这里康威尔主要在强调一种民主精神）。

妇女的选举权就要产生，我也知道不少青年女子，她们说：“有一天我要成为美国总统。”我认为妇女有选举权是对的，这无疑会实现，无论如何我不会阻碍。不久以后，或许我也要有公职，但如果对公职的渴望影响了妇女投票的心愿，那么我就想在此说明一下我曾对青年男子们说的话：如果你们仅仅获得投出一票的特权，是不会得到任何有价值的东西的。人们会对你一无所知，你那点影响几乎无人觉察。美国并不受选票限制，你认为它是受制于选票吗？它是受制于势力，受制于支配选票的雄心和进取精神。认为自己要投票是为了获得公职的妇女，正犯着一个天大的错误。

另一个小伙子会站起来说：“我在费城将成为美国伟人。”“是吗？何时？”“当发生大战时，当我们在墨西哥警惕的等待中遇到麻烦时，当由于行动不慎与英国、日本、新泽西或某个遥远的国家卷入战争时，那时我就会大步迎上炮口，在闪光的刺刀中昂首阔步，跃入战场扯起旗帜，在胜利中把它扛走。我会肩上戴着星形勋章凯旋，国家会给予我任何公职，那时我将变得伟大。”不，你不会的。你认为有了公职你就会变得伟大，但记住，如果在没获得公职前你不能变得伟大，那么在获得公职后你也不会伟大起来，那将只是貌似伟大的滑稽模仿而已。

西班牙战争后，我们在这儿举行了一个“和平纪念会”。西方人不相信，说：“费城的人要五十年后才会听说西班牙战争的事。”有的人看见游行队伍沿着布罗德街行进。我当时出门在外，不过家人写信告诉我说，一辆四轮马车载着霍布桑中尉正好停在我家前门，人们喊道：“为霍布桑欢呼啊！”假如我在场也会欢呼的，因为国家给予他的东西还远远不够。可假设我进学校问孩子们：“是谁在圣地亚哥让梅里马克号舰沉没？”如果孩子们回答“是霍布桑”，那么他们撒了一个7/8的谎。那艘船上另有七位英雄，由于职位不同，他们一直身处西班牙战火中，而霍布桑是个军官，理应不在前线。这个大厅里会聚集很多有才智的费城人，但也许没一个能说出另外七名英雄是谁。

我们不应该这样教授历史，而应该告诉人们：无论一个人的地位多么低微，只要他在这个位置上充分尽责，那么他就像国王一样有资格获得美国人民的尊敬。可是我们没有这样做，而是处处教人们说一切战斗都是将军们打的。

我记得战后我到南方去拜见罗伯特·E.李将军，他是一名出色的基督徒，如今南北双方都把他看作是一位伟大的美国人，并引以为豪。将军告诉了我关于他的仆人“拉斯吐士”的事，这个仆人曾是一名应征入伍的黑人士兵。一天，将军把他叫进去，对他开玩笑说：“拉斯吐士，我听说你们连队其余的战士全部牺牲，为什么你还活着呢？”拉斯吐士对将军眨了一下眼，回答：“因为一打仗时，我就与将军们待在后面。”

我还记得另一个事例。若不是你们去图书馆读到这篇演讲稿时发现它印出来已有二十五年了，我本来不愿提它。我曾紧紧闭上双眼，瞧呀！我看见了自己年轻时见到的样子。是的，他们有时对我说："你的头发还没有白，你日夜工作，好像从不休息，你不会变老的。"但当我闭上眼睛时，就像任何一个同龄人那样，啊，很久以前那些可爱的已故者的面容便历历在目，我知道无论人们说什么，我都已人到暮年。

我现在闭上眼睛回顾在马萨诸塞州的故乡，那山顶上的牛展场[1]便显现于跟前，我仿佛还能看见那儿的马棚。我能看见公理教会的教堂，看见镇公所和山地人的小屋，看见一大群人身穿耀眼的节庆服装走出来，看见彩旗飘扬、女士们的手帕挥舞，甚至听见激动人心的乐队伴奏声。我能看见那一连新编入伍的士兵大步行进在牛展场上。我当时不过是个年轻人，但已当上连长，被捧得雄心满怀，神气十足，感觉自己像个被吹得鼓鼓的球，只需一根细纺针就会使我破得粉碎，可当时我却认为那是世上最伟大的事情。如果你们想到过要成为国王或女王，那就让市长去接见你们吧。

[1] 指公牛和乳牛的展出和评奖，在美国常与农业展览会一起举行。

乐队奏着乐曲，所有的人都出来迎接我们。我带领队伍无比自豪地沿着镇上的公地行进，走进镇公所。然后他们把士兵安排在正中的通道上坐下，让我坐在前面。约有一两百人涌进镇公所，围成一圈站着。接着，官员们走进来围成一个半圆形。镇长坐在讲台中间，他以前从没当过官，但他是位好人，他的朋友们说过我可以坐在那儿而不会冒犯他们。他走上来在自己位置上坐下，调了调高度数眼镜，看一下四周，突然发现我坐在前排座位上。于是他马上从讲台上走过来，请我上去与镇官员们坐在一起。在我上战场前，镇官员从没一个理睬过我，除非让老师揍我一顿，而现在我却被请到台上去与镇官员同坐。哎呀！镇长当时就是我们的皇帝，是我们的国王。我走上讲台时他们给了我一把椅子，那儿离前排尚有一定距离。

我坐下后，市镇管理委员会主席起身走到桌前，我们都以为他要介绍公理教会的牧师（他是镇上唯一的演讲家），请他对归来的士兵发表演说。可是，朋友们，当听众发现那个老人竟要自己演说时，个个显出很吃惊的样子，你们真应该看到那情景。老人以前从没发表过演说，他犯了数百人都会犯的错误。这真是奇怪，一个人竟然不知道自己长大后若想成为演讲家，年轻时就必须学着演说。可他好像认为自己只要有了官职，就能成为一个伟大的演讲家似的。

这时他来到前面，手里拿着已经背好的演讲稿，背的时候在牧场上走来走去，把牛群都吓着了。他把讲稿铺到桌上，以确保能看到它。调了调眼镜，俯在讲稿上看了一下，然后回到讲台，又拖着重重的步子来回走动。你们想象一下当时的情景，就知道他一定对这个问题做过研究，因为他采取了一种“演说”的姿势。他将身子重重地压在左脚跟上，肩膀往后一扬，微微把右脚向前伸，打开嗓门，又把右脚呈45度角向前伸去。朋友们，他就是采取这种演讲姿势发表讲话的。有些人对我说：“你不是夸张了吧？”绝没有。我到这儿来是传授经验而非讲故事的，下面就是他演讲的情况：

“市民们——”他一听见自己的声音，手指就变成那样，两膝发抖，接着浑身颤动。他喉咙哽咽，又来到桌旁看稿子。然后他打起精神，握住拳头，回到原位，说：“市民们，我们的市民，我们很——我们很——我们很——我们很——我们很——高兴——我们很高兴——我们很高兴。我们很高兴欢迎这些打仗流血的士兵们回到家乡。我们特别——我们特别——

我们特别——我们特别高兴看见这个年轻的英雄（指我）今天来到我们中间。这个富于想象的年轻英雄（朋友们，记住他说的话，如果他没有说‘富于想象的’，我也根本不会太任性地要提到它），我们曾看见这个富于想象的年轻英雄带领——看见他带领——带领——我们曾看见他带领队伍展开殊死突围。我们看见他闪光的——我们看见他闪光的——闪光的——闪光的剑——在挥舞。在阳光下闪耀，这时他向部队大喊着：冲啊！”

天啊，天啊，天啊！那个好心的人多么不了解战争。如果他懂得一点战争，就应该知道今晚这儿任何一个GAR[1]的战友所说的话都是真的，即危险时刻一个步兵团的军官如果冲到前面几乎是犯罪。“我的剑在阳光下闪耀，我向部队大喊着‘冲啊！”’这是根本没有的事。你们以为我会冲到战友们前面被敌人打死或者被自己人打死吗？那不是一个军官应该做的事，实际战斗中军官应该是在后线。作为一名参谋，我经常骑着马下火线，而战友们则突然被召唤到前线，只听林中传来叛军们的叫喊：“军官到后面去！军官到后面去！”然后每个军官都

[1] GAR，美国内战联邦退伍军人协会，1866年成立，1956年解散。

走到二等兵后面，官职越高离前线越远。这并非因为他不勇敢，而是因为战争法要求他如此。可是那个老人却叫道："他的剑在阳光下闪耀——"在那座房子里坐着我连队的士兵，他们曾把一个军官抬过卡罗来纳河以免打湿他的脚；有的士兵为了弄到一只猪或鸡走了很远的路；有的在田纳西州的大山里被飞过松树落下的炮弹打死，可是在那个好心人的演说里他们几乎不为人知。他的确也提到过他们，但只是顺便而已，当前的英雄是那个军官。国家应该把什么都归功于军官吗？不，过去不，现在也不。可为什么军官成了英雄？就因为那人犯了一般人犯的同样错误——那个军官之所以伟大只因为他是军官，而其他人只是二等兵而已。

啊，我那时就懂得了这一告诫，只要时钟不止，我永远不会忘记这个告诫：伟人不在于将来获得某个官职，而是在于用小小手段采取不平凡的行动，在个人的平凡生活中实现远大目标。一个人若想真的变得伟大，就必须现在在费城变得伟大。一个人如果能想办法让这个城市有更好的街道、人行道、学校、大学，有更多的喜事、文明，有更多上帝所赐予的重要的东西，那么他在任何地方都会是伟大的。让今晚的每个人都记住吧，如果你们再也听不到我演讲：假如你们真的希望变得伟大，就必须从此时此地开始，能够给自己的城市带来美好事情的人，生活在这里就能成为一个好市民；能够使家庭越来越富足美满的人，无论他在车间里工作、坐在柜台后面做事还是管理家务，他都是一个能带给别人幸福的人；无论他的生活怎样，若想在任何地方变得伟大，他就必须首先在自己的家乡伟大起来。是的，行动起来，而不要让自己的梦想仅仅是一个梦想。

附录　财富档案之富人的理财习惯

一、会花钱更会赚钱——“算”出来的富人

1. 一有“闲钱”便投资

富人只要手中有了一些积蓄，就会拿出一部分所谓的“闲钱”来进行投资。不要小看投资的意义，投资能让你在40岁时成功创富。随着年岁的渐长，无论是体力还是精力，我们都无法和那些初涉社会的年轻人抗衡了，这时候我们拥有的只是时间赠予的经验，但这就已经足够了，经验和适当的聪明，足以使你通过投资而获取收益了。

吉姆·罗杰斯说：“适当的投资能够躲开风险，从而致富。”投资并不是把钱从银行取出来，再投到别的方面那么简单，它需要智慧，需要抓住时机。

如果你现在的资产中有部分闲钱，而你又发掘出一个很有潜力的股票，那么你应该考虑抽出一部分闲钱来进行投资。一方面，这份闲钱的投资不会妨碍你的正常生活；另一方面，掌握好股票动态，股票很可能给你带来可观的收益，何乐而不为呢?

如今，全世界的人致富有三条途径：一是打工，二是创业，三是投资。这三条途径需要不同的实现条件——如果你现在一穷二白，那么打工是你必然的选择；如果你现在小有积蓄，同时又富有机灵的头脑，那么创业则是很有一番前途的路；如果你现在已经创业成功，而你也有了宽裕的“闲钱”，那么投资则是你一定要关注的方面，像股票、房地产、基金、国债等都不失为一些好的投资方向。

世界各国的富人都有自己独特的投资风格，尤其是美国和欧洲一些国家。这些国家独特的投资风格培养出了很多世界顶级的投资大师。像索罗斯、彼得·林奇、巴菲特等都是受到他们国家投资风格的影响，从而走上投资道路的。

爽快的美国人喜欢直接投资，最不喜欢储蓄。据统计，美国的储蓄率一直在零增长上徘徊，那么美国人的钱都消费掉了吗？当然不是，美国人虽然很喜欢旅游、提前消费等，但是他们除享受外，还喜欢高收益的投资活动。在资本主义经济观念的影响下，金钱的重要性已经在美国人的心中根深蒂固，他们喜欢追逐金钱，喜欢冒险，喜欢风险大的投资。

美国投资天才沃伦·巴菲特从小就极具投资意识：他5岁时就在家中摆地摊兜售口香糖；稍大后他带领小伙伴到球场捡大款用过的高尔夫球，然后转手倒卖；中学时，他除利用课余时间做报童外，还与伙伴合伙将弹子球游戏机出租给理发店老板们，赚取外快；他11岁时就进入股海，购买了人生的第一支股票。

1949年，沃伦·巴菲特转入哥伦比亚大学的金融系，拜师于著名投资学理论学家本杰明·格雷厄姆。在本杰明·格雷厄姆的指导下，巴菲特如鱼得水。格雷厄姆教授给巴菲特丰富的知识和诀窍，富有投资天分的巴菲特也成为格雷厄姆的得意门生。

1962年，巴菲特与合伙人创办的公司资本达到了720万美元，其中有100万是属于巴菲特个人的。1966年春，美国股市牛气冲天，尽管巴菲特的股票都在飞涨，但他发现很难再找到符合他的标准的廉价股票了。巴菲特认为股票的价格应建立在企业业绩成长而不是投机的基础之上，所以当很多投机家都获得横财的时候，巴菲特却不为所动。

1968年，巴菲特公司的股票取得了历史上最好的成绩：增长了59%，其资金上升至1.04亿美元，其中属于巴菲特的有2500万美元。

1968年5月，股市一片凯歌，巴菲特却清算了他与合伙人公司的全部股票，宣告隐退。随后不到一年，股市大跌。持续的通货膨胀和低增长使美国经济进入了“滞胀”时期，美国股市没有一丝生气。

这时候，巴菲特重新回到了股市，他为发现了众多的便宜股票而欣喜若狂。1972年，巴菲特发现了报刊业的发展前景，他暗自在股市上购买《波士顿环球》和《华盛顿邮报》的股份。因为他的介入，《华盛顿邮报》利润大增，每年平均增长35%。十年之后，巴菲特投入的1000万美元升值为两个亿。

1980年，他投入了1.2亿美元，以每股10.96美元的价格，买进可口可乐7%的股份。1985年以后，可口可乐改变了经营策略，大量资金投入饮料生产，其股票价格已涨至51.5美元，翻了近5倍。

1992年巴菲特以每股74美元购下435万股美国高技术国防工业公司——通用动力公司的股票，到年底股价上升到113美元。巴菲特在半年前拥有的32190万美元的股票已值49155万美元了。

1994年底已发展成拥有230亿美元的伯克希尔工业王国，早已不再是一家纺纱厂，而变成了巴菲特庞大的投资金融集团。据统计，从1965年到1994年，巴菲特的股票平均每年增值26.77%。

2007年3月，“股神”沃伦·巴菲特旗下的投资旗舰公司——伯克希尔公司公布了2006财政年度的业绩。数据显示：公司主营的保险业务获利颇丰，伯克希尔公司2006年利润增长了29.2%，赢利达110.2亿美元，每股赢利7144美元。

巴菲特被经济界称为最伟大的投资家，他依靠股票、外汇成为世界上位于前列的富翁。巴菲特的投资经验可归纳为三条：第一，把股票看成许多微型的商业单元；第二，从市场波动中把握信息，抓住投资的机会；第三，量力而行，不盲目跟风，购买股票的价格要在你的承受范围内。投资不是投机，不要抱有侥幸心理，要根据市场信息选择适合自己的投资方向，这样才能赢得收益。

美式投资大师秉持如下的投资理念：

第一，如果你准备投资，就要抛弃“过度享乐”的思想。挣钱确实是和消费挂钩的，可是如果全部用来享受，而不进行一些辛苦的投资活动，那么金钱早晚都会花尽的，以后怎么办呢？所以要想持续地消费，就必须得花心思进行投资活动。

第二，冷静面对“热股”，不要头脑发热，人云亦云。真理有时掌握在少数人的手中，当大部分人都疯狂购买所谓的“热股”时，那么不要再跟着去投资了，因为下一步的趋势就是变冷。很多人喜欢盲目地跟风随大流，因此导致了投资失败。要想在投资行业取得成功，必须先把基本功练好，学会利用市场信息去买进或者卖出，而不是“随风向而动”。

第三，投资切记莫贪。贪心往往让人迷失心智，从而看不清真实的市场行情。钱自然是越多越好，然而在挣钱的过程中，一定要有自己的立场，不能被贪心左右本该清醒的头脑，该抛就抛，该买就买，不要在犹豫中丧失良机。

第四，学会合作。投资不仅仅是个人的事情，有时候或许牵动着你们一个小小的集体的共同利益，所以不要妄想自己一个人就能掌握投资大浪，必须有合作意识，众志成诚。有时候很多人的意志或许能扭转事态，创造奇迹。

第五，向投资大师学习。一个刚走入投资圈的人无论知识还是经验都少得可怜，如果你单凭勇气而闯入，只能是伤痕累累，甚至连命都没有了。所以在投资过程中向那些投资大师学习是必要的，当然我们不是提倡完全效仿，我们强调的是学习，而不是照本宣科。生搬硬套是不科学的。通过投资大师的推荐或培训，你或许能够找到一条最近的通往财富的道路。

第六，投资的时间要尽量拉长。很多人或许对于投资有这样的误区：认为投资就是见效快、收益大的一条财富通路，于是他们投入钱，恨不得当天就有好几倍的收益。当日子一长，而他们的投资没有回报时，便开始埋怨、开始怀疑，认为自己被蒙骗了。这是非常可笑的。投资本来就是一个长期见效的过程，很多人或许因为运气好，所以短时间就收到了巨大的收益，不过这仅仅是一个偶然现象。从大部分投资大师的发家之路看到，那是一个长期的、曲折的过程，要稳住心态，把投资的时间拉长，才能得到投资的收益。

相对于爽快的美国人，欧洲人则显出更多的稳重。欧洲投资大师的代表乔治·索罗斯就一直强调稳健的投资风格。欧洲理财风格首先体现在喜好储蓄上。据统计，欧洲很多家庭都使用人寿保险、住房储蓄计划及大众储蓄计划等存款形式。如果需要取钱，他们首先会精明地计算利率，根据利率差异决定取款顺序。

欧洲人炒股，每年进出交易的股票价值一般控制在1.5万欧元以内。因为根据税法，超出的赢利部分要按比例抽税。在紧急缺钱时，他们不会轻易地去把投资抽回来，而是把值钱的家当送去政府的“市贷部”典当，这样不但可以暂时得到援助，而且还有6%的利息收取。

欧洲人消费比起美国人要收敛和理性得多，他们如果想外出旅游，不会头脑一热，立刻收拾东西走人，相反，他们会着手计划一番：他们会挑选合适的旅游时机，躲开黄金周，因为旅游旺季的消费会比旅游淡季贵出一倍多，无论是车费还是门票都可以大大节省一笔，节省下来的钱他们可以再来进行一些小投资。

欧式投资大师告诉我们的投资小窍门：

第一，不管有钱没钱都要学会理财，这是投资的基础；正确理财才能留出一些钱用来“投资”。要想实现科学理财，首先是学习一下金融理财的相关知识，然后通过一些实际的理财活动总结经验，这样不但可以让你的消费更加科学，减少铺张和浪费现象，而且还能大大减少你的负债金额。

第二，投资要结合政治、经济走向来决定，不要自以为是，盲目投资。众多成功的投资经验告诉投资者——关注国家的政治、经济政策，可以有助于制定优良的投资策略。比如国家在利率、税收等方面做出的调整，或对某一产业实行的优惠政策等都会对个人理财、投资带来直接或间接的影响。运用信息进行投资，是能实现投资收益的前提和保障。

欧洲著名的投资大师维克多·司佩曾靠玩扑克牌挣生活费，据说为了更好地处理扑克牌，他把能够找到的每一本有关扑克的书都读了一遍，很快就了解到一个道理：玩牌要抓住成功的机会，记住每种重要的牌型组合的可能性，对自己有利时就下大注，对自己不利时要学会放弃。这个道理对于他以后的投资业有着深刻的启示。

维克多·司佩最出名的一次预测是1987年9月巴伦的投资咨询报告，称股市已达到一个大顶部，这时正是股市大崩盘之前一个月。他指出：股市达到1987年8月高点时，已在96天内上涨了近23%，该数字正好接近历史上的涨幅和牛市的中级波动。8月，道琼斯工业指数创新高，但涨跌股数之比却出现了背离现象。这时市盈率已达到二十五年来的最高点，政府债券公司和个人消费债务都达到创纪录的程度。一切指标也都显示出股市即将崩溃的警戒讯号。

后来，国务卿贝克与德意志联邦共和国产生了纷争，德意志联邦共和国拒绝与之合作，于是贝克宣布美国准备让美元下滑，这就触发了股市大崩盘，这时所有投资者都想把以美元标价的证券抛出去，但是为时已晚。然而，维克多·司佩早就料到美元的贬值将会使股市走向崩溃，所以他通过成功预测又赚了一笔。

维克多·司佩认为，从事投资事业，需要有极度投入的献身精神和强烈的进取心，但这并不等于要没日没夜地做交易，还要花一些时间与家人在一起，做一些自己感兴趣的事，也就是说要正确地看待投资行为，不能盲目地跟风。

2. 走吝啬路，让别人说去吧

“紧紧地看住你的钱包，不要让你的金钱随意地出去，不要怕别人说你吝啬。你的钱每花出去一分都要有两分钱的利润的时候，才可以花出去。”

巨富洛克菲勒是这个信条的虔诚遵守者，节约是贯穿他一生的重要理财理念。

洛克菲勒早年在一家大石油公司做焊接工，任务是焊接装石油的巨大油桶。要焊接就会有焊条的铁渣掉落，他细心地发现，每焊接一个油桶要掉落的铁渣每次不多不少正好是509滴，他想：要焊接那摞得像山一样高的油桶得浪费多少焊条呀！于是他改进了焊接的工艺和焊接的方法，让每次滴落的铁渣正好是508滴。这样，这家大石油公司全年节约资金竟达5.7亿元之多！而洛克菲勒本人也因此获得了一次极佳的晋升机会。

当他有了一些积蓄的时候，他开始自己创业。由于刚开始步入商界时，经营步履维艰，很快就花完了他好不容易积攒的一点钱。于是他冥思苦想怎样才能发财，却苦于没有方法。一天晚上，他从报纸上看到一则广告，推销一种发财秘诀。他为此高兴极了，第二天急急忙忙到书店去买了一本相关的书籍。他迫不及待地把买来的书打开一看，只见书内仅有“勤俭”二字，就再没有任何内容了，这使他大为失望和生气。后来，他反复考虑这个“秘诀”的“秘”在哪里？起初，他认为书店和作者在欺骗他，一本书只有这么简单的两个字，他想指控他们在欺骗读者。后来，他越想越觉得此书言之有理。确实，要想发财致富，除了勤俭之外，没有其他办法。这时，他才恍然大悟。此后，他将每天应用的钱加以节省、储蓄，同时加倍努力工作，千方百计地增加一些收入。这样坚持了五年，他积存下800美元，然后将这笔钱用于经营煤油。在经营中他精打细算，千方百计地将开支节省，把赢利中的大部分储存起来，到一定时间再把它投入石油开发。照此循环发展，如滚雪球一般使其资本越来越多，生意也越做越大。经过三十多年的“勤俭”经营，洛克菲勒成为北美最大的三个大财团之一，其财团下属的石油公司，年营业额可达1100多亿美元。

努力挣钱是开源，设法省钱是节流。巨大的财富需要努力才能追求得到，同时也需要杜绝漏洞才能积聚。

洛克菲勒成为亿万富翁以后，他的经营管理也是以精于节约为特点的。他给部下的要求是提炼一加仑原油的成本要计算到小数点后的第三位。每天早上他一上班，就要求公司各部门将一份有关成本和利润的报表送上来。多年的商业经验让他熟稔了经理们报上来的成本开支、销售，以及损益等各项数字，他常常能从中发现问题，并且以此为指标来考核每个部门的工作。1879年的一天，他质问一个炼油厂的经理："为什么你们提炼一加仑原油要花19.8492美元，而东部的一个炼油厂干同样的工作只要19.849美元？"这正如后人对他的评价，洛克菲勒是统计分析、成本会计和单位计价的一名先驱，是今天大企业的"一块拱顶石"。

到了老年，有一天，他向他的秘书借了五美分，当洛克菲勒给秘书还钱的时候，秘书不好意思要，洛克菲勒当即大怒："记住，五美分是一美元一年的利息！"由此可见，他对于金钱的节俭和计算真是精明。

3. 每一分钱都要用在刀刃上

富人从来不会让自己的支出超过自己的收入，如果支出超过收入便会被他们视为不正常的现象，他们认为这样几乎就与发财致富绝缘了。

一个偶然的机会，一位卖蛋的生意人向大富商亚凯德咨询致富的秘诀。

亚凯德笑了笑，向那位自称很节俭的人问了个问题：“假使你每天早上收进十个蛋放到蛋篮里，每天晚上你从蛋篮里取出九个蛋，其结果是如何呢？”

“时间久了，蛋篮就要满溢了。”

“这是什么道理？”

“因为我每天放进的蛋数比取出的蛋数多一个呀。”

“好了，”亚凯德继续说，“现在我向你介绍发财的第一个秘诀，你们要照我告诉蛋商的发财秘诀去做。因为你把十块钱收进钱包里，但你只取出九块钱作为费用，这表示你的钱包已经开始膨胀，当你觉得手中钱包重量增加时，你的心中一定有满足感。”

“不要以为我说的太简单而嘲笑我，发财秘诀往往都很简单。开始，我的钱包也是空的，无法满足我的发财欲望，不过，当我开始放进十块钱而只取出九块花用的时候，我的空钱包便开始膨胀。我想，如果各位如法炮制，各位的空钱包自然也会膨胀了。”

“现在让我来说一个奇妙的发财秘诀，它的道理我也说不清，事实是这样的：当我的支出不超过全部收入90%时，我就觉得生活过得很不错，不像以前那样穷困。不久，觉得赚钱也比往日容易。能保守而且只花费全部收入的一部分的人，就很容易赚得金钱；反过来说，花尽钱包存款的人，他的钱包永远都是空空的。”

“每次当我把十块钱放进钱包的时候，我最多只花费九块。”

有钱人的用钱原则就是这样，只把钱用在该用的地方，他们认为不该用的地方，是一块钱也不会花出去的。以崇尚节俭、爱惜钱财著称的连锁商店大王克里奇，他的商店遍及全美50个州和国外很多地方，他的资产数以亿计，但他的午餐从来都只花费 1 美元左右。

克德石油公司老板波尔·克德有一天去参观一个展览，在购票处看到一块牌子写着："5时以后入场半价收费。"克德一看手表是4时40分，于是他在入口处等了20分钟后，才购买了一张半价票入场，节省下0.25美元。你可知道，克德公司每年收入上亿美元，他之所以节省0.25美元，完全是受他节俭的习惯和精神所支配，这也是他成为富豪的原因之一。

犹太著名的船商斯图亚特曾经有一句名言，他说："在经营中，每节约一分钱，就会使利润增加一分，节约与利润是成正比的。"

斯图亚特努力提高旧船的操作等级以取得更高的租金，并降低燃油和人员的费用。

也许是银行家出身的缘故，他对于控制成本和费用开支特别重视。他一直坚持不让他的船长耗费公司一分钱，他也不允许管理技术方面工作的负责人直接向船坞支付修理费用，原因是他认为他们没有钱财意识。因此，水手们称他是一个"十分讨厌、吝啬的人”。

直到他建立了庞大的商业王国，他的这种节约的习惯仍保留着。

一位在他身边服务多年的高级职员曾经回忆说：“在我为他服务的日子里，他给我的办事指示都用手写的条子传达。他用来写这些条子的白纸，都是纸质粗劣的信纸，而且写一张一行的窄条子，他会把写的字撕成一张长条子送出，这样的话，一张信纸大小的白纸也可以写三四张‘最高指示’。”一张只用了五分之一的白纸，不应把其余部分浪费掉，这就是他“能省则省”的原则。

4. 理性花用你的每一分钱

卡恩站在百货公司的前面，目不暇接地看着形形色色的商品。他身旁有一位穿戴很体面的绅士，站在那里抽着雪茄。

卡恩恭恭敬敬地对绅士说：

“您的雪茄很香，好像不便宜吧？”

“2美元一支。”

“好家伙……您一天抽多少支呀？”

“10支。”

“天哪！您抽多久了？”

“四十年前就抽上了。”

“什么，您仔细算算，要是不抽烟的话，那些钱就足够买下这幢百货公司了。”

“那么说，您不抽烟？”

“我不抽烟。”

“那么，您买下这幢百货公司了吗？”

“没有。”

“告诉您，这一幢百货公司就是我的。”

谁也不能说卡恩不聪明，首先因为他账算得很快，一下子就计算出每支2美元的雪茄每天抽10支，四十年下来的钱就可以买一幢百货公司。其次，他很懂勤俭持家、由小到大积累的道理，并且身体力行，从来没有抽过2美元一支的雪茄。但谁也不能说卡恩有活的智慧，因为他不抽雪茄也没有省下可以买百货公司的钱。卡恩的智慧是死智慧，绅士的智慧才是活智慧，钱是靠钱生出来的，不是靠克扣自己攒下来的。

如果自己拥有了金钱，却守着它们不松动，把它们紧紧地攥在自己的手里不花，是愚蠢的，更是贫穷的。有钱不能花，不正是穷人的表现吗？所以一个真正的富人，不光会赚钱，更要会花钱。

学会花钱，也是富人的一个重要特点。世界上最会赚钱的人，无不是最会花钱的人。小气，并不是讽刺，这是有钱人的看家本领。精打细算，不乱花钱，是大富翁的真正风度。

然而，在我们的生活中，还会发现另外一种现象：越是没钱的人，越爱装阔。这似乎是个心理问题，因为大多没钱的人容易产生抗拒心理，他们内心常在交战："难道我只能买这种便宜货吗？"自怜便油然而生，更因顾虑到别人的眼光感到不安。所以，当他们面对一件商品时，往往考虑虚荣要比考虑价格的时候多，没钱的自卑感像魔鬼一样缠得他们犹豫不决，最终屈服于虚荣，勉强买下自己能力所不能及的东西。于是，社会中有了一种怪现象：越穷的人，越不喜欢廉价品。仔细想想，有时候穷人的虚荣心总比富人强，他们会因为乱花钱而永远无法存钱。

年轻人往往是最爱虚荣的，一个刚赚了一点钱的小伙子，却非要去吃高级餐馆，进高级酒店。有些只租得起3平方米小房间居住的年轻人，却非要倾其所有积蓄买一辆汽车。试想，这样的年轻人又怎能不穷呢？越穷越装阔，越装阔越穷，形成了一个跳不出去的贫穷的恶性循环。

那么，无论你是富有者还是穷人，抛掉你那些挥霍无度的愚蠢行动吧！这样你就不会有那么多世道艰难、税收太重、家庭不堪重负之类的抱怨了。

二、钱生钱胜过人生钱——富人喜欢投资

1. 负债用于投资，而非消费

看那些世界有名的富人，他们很少是生下来就是富人的，大多数是白手起家，经过艰苦的创业才有了今天的辉煌。如何拥有人生的第一桶金以及如何应用人生的第一桶金成了如何成为有钱人的关键。事实上，很多富人的第一桶金都是通过借贷实现的。借贷不仅仅是穷人找钱的途径，更是富人集金的主要途径。然而为什么有的人通过借贷成为富人，而有的人却越来越穷，不但没有挣来钱，反而连返还的本钱也没有了呢？让我们一块来阅读下面这则小故事，看看其中的区别。

在一个村子里，同时住了两个穷苦的年轻人。一日，他们共同去邻村的一个富人家借粮食。路上，他们便在一起商量借

点什么好，不但可以填饱今天的肚子，明天也能不挨饿。青年甲说："要填饱肚子肯定是借粮食了。我太饿了，我要是成功地借来了粮食，我要立刻吃下一斤粮食。"青年乙说："不行不行，这样的话明天我们还是挨饿，我们得借点能维持我们生活的东西，不但可以供给我们明天的生活，而且将来我们富裕了，我们还得把借来的东西还给人家，借什么好呢？"

这时候，天刚刚亮，公鸡开始打鸣，这一叫给了青年乙灵感。青年乙大叫道："太好了，我想到我们借什么了，就借一只母鸡吧，既能够下蛋，还能够产肉。"他们来到富人家中，经过百般的祈求和保证，富人终于同意借给他们一人一只母鸡。

青年乙回到家中，赶紧修了鸡笼子把这只来之不易的母鸡养起来，他虽然很饿，可是一想起这只母鸡将来能够带来的收益，他就觉得肚子不那么难受了。他把自己昨天没有舍得吃的粮食分成了小块来喂这只母鸡，自己则喝了一锅水来填肚子。第二天，这只母鸡便给青年下了一只鸡蛋，青年乙大喜，拿着这个鸡蛋，他换来了一个馒头和一小把小米。他把小米撒在鸡笼子里，悉心地照顾好这只母鸡，然后才安心回屋吃掉了那个馒头。在他的悉心照顾下，这只母鸡的产蛋量越来越多，青年乙卖掉了鸡蛋，又买来了几只母鸡，他搭建了新的鸡棚，让母鸡们舒服地成长。他一方面收获鸡蛋来卖钱，另一方面学习如何饲养小鸡，这样他就不用再去买鸡了，而是让自己家的母鸡来孵小鸡。一年以后，他的收入越来越多，他不但可以卖鸡蛋来挣钱，而且他还把母鸡孵出的小鸡也卖给别人，很快，他成了村里有名的富人。为了感谢邻村富人的一鸡之恩，青年乙不但还回了借来的那只鸡，还赠送给恩人满满一箱鸡蛋。

再来看看青年甲，他回到家中，肚子饿得咕咕叫，他想起他去的路上说的话，心想：都怪乙，借什么不好啊，借一只鸡来，等它下蛋得等到什么时候啊，估计我都饿死了也吃不到它下的鸡蛋了，要是当时我不学他，借些粮食来就好了，起码现在不饿啊。哎呀，怎么办啊！饿死了。先看看这只鸡能不能先下个蛋，让我先填填肚子吧。于是他也把鸡放在笼子中，对着鸡说："下蛋，赶紧下蛋！"母鸡从邻村到本村也折腾了半天，同样是又累又饿，哪有实力再生出鸡蛋啊。它不满地"咯咯"叫了两声，便缩起脑袋不动了。青年甲左等右等，始终不见母鸡生出鸡蛋来。第二天，他听说青年乙的母鸡生出了一只蛋，而自己的母鸡依然没有生出鸡蛋，便非常生气，认为这只母鸡有病，再加上自己的肚子饿得要命，于是他不管三七二十一，就把那只可怜的母鸡宰了吃了。当然，那天的青年甲是幸福的，他吃掉了整整一只鸡，然而，以后的日子他依然是靠借来维持生活。时间久了，人们看借给他的东西都有去无回，就再也不借给他了，于是他最终只得靠行乞度日。

同样贫穷的两个年轻人，同样的机遇背景，不同的做法却换来了截然不同的人生：聪明人借鸡生蛋，最终成为富人；愚蠢者则借鸡吃肉，最终沦为乞丐。

这个小故事揭示出这样一条理财真经：借钱为生钱，别为花钱。对于创业而言，初始资金很重要，但不是所有人生下来就是口里含有金钥匙的。我们没有初始资金怎么办，只能借，借别人的鸡给自己生蛋，才是最便捷的道路。

学会把别人的钱拿来作为自己的资本，为自己创造利润才是有钱人的做法。相反，靠借来的钱度日，虽然也有几天的好日子，可是更大的贫穷和痛苦却还在后面继续。

在资金流通的市场经济下，借贷已经不是一件丢人的事情了。很多人或许还处于一种守旧的思想状态：我不借钱，我有多少花多少。那么他只能是利用自己的劳动来换取基本的生活保障罢了。还有一部分人非常积极主动地迎合社会的改革，他们想尽办法利用可以利用的资源，让它们为自己的财富积累贡献力量。

很多人或许都产生过关于创业的想法，可是往往因为缺乏资金而放弃了这样的想法。没错，要想创业是必须有原始资金的，这样事业才能转动起来。然而不是所有的创业者都是最初就有钱的，他们大多数也是从“借”中走出来的。

同样是借钱，有人借了，把钱吃掉了，没钱还债；有的人借了，让钱生钱，成了有名的富翁。国美老板黄光裕就是青年乙在现实生活中的一个例子。

“2008胡润百富榜”揭榜，国美集团董事长黄光裕以430亿元的财富再次当选为第一大富豪。从一个默默无闻的小商贩，到今天亿万人瞩目的首富，黄光裕走过的路程或许能给我们每一个人重要的启示。

1969年，黄光裕出生于一个贫苦的家庭，因为经济原因，他初中未毕业就辍学了，跟着哥哥从老家广东汕头北上内蒙古做生意。1986年，17岁的黄光裕和哥哥黄俊钦，揣着在内蒙古攒下的4000元，然后借贷了3万元在北京前门外珠市口东大街

420号盘下了一个100平方米的名叫“国美”的门面。当时的3万元可是一笔数目不小的巨资，就是这笔巨资让黄光裕有了人生的第一只会下蛋的母鸡。

1987年1月1日，“国美电器店”的招牌正式挂出来了。由于当时的市场处于卖方市场的背景下，很多商家采用“抬高售价，以图厚利”的经营方式获得了巨大赢利，可是黄氏兄弟选择了走“坚持零售，薄利多销”的经营策略。低价策略为小小的国美电器店带来了不少回头客。不仅是薄利多销，而且在货源上黄光裕也下足了功夫。

黄光裕回忆道：“当时洗衣机、彩电等都是凭票供应的，要从非正规渠道得到这些货，就要去想办法。有时候，别人有好多好多产品，却没人来买，我就想办法从他手里把货拿过来卖。”

1991年，黄光裕第一个想到利用《北京晚报》中缝打起“买电器，到国美”的广告，每周刊登电器的价格。当时国营商店对于广告的认识还停留在“卖不动的商品才需要广告”的层面，即使后来也有人想学习国美的广告策略，但黄光裕已经以每次800元的低价包下了报纸中缝。小小的广告投入为国美吸引来了大量顾客，电器店生意火得不行。黄光裕乘胜追击，陆续开了多家门店，像“国豪”“亚华”“恒基”，都是黄光裕名下的店面。

对于一些国外品牌，很多消费者想买却找不到地方。鉴于这种情况，黄光裕想到了一个办法：他说服那些外国厂家与国美合作打广告，既让厂家广告开支得以减少，又让消费者能够轻松地从国美买到那些“找不到地方买”的国外产品。黄光裕还向厂家要求，赠予国美一些样品做展示，并开设相应的产品专柜，使顾客能看、能摸，现场就能买到。

1992年，黄光裕在北京地区初步进行连锁经营，将他旗下所持有的几家店铺统一命名为“国美电器”，就此形成了连锁经营模式的雏形。

1993年，“国美电器”连锁店已经发展至五六家，跃然变成了一家大型电器商城；1995年，“国美电器”商城从一家变成了10家；1999年，国美电器从北京走向全国。如今，已经没有哪个城市没有国美电器连锁店的驻扎了。黄光裕对于成功是这么说的：“人与人之间是差不多的，差一步而已，有时仅仅半步。”

借钱的途径有很多，如果你现在还苦于不知去何处借钱，那么往下读，你或许会茅塞顿开。

首先，向亲戚朋友借款是一种简便的方法，这种途径会免去很多复杂的借贷手续还有昂贵的借贷利息。不过你或许因为面子而不好意思去借，或许因为害怕被拒绝而一直犹豫不定，放下这些顾虑，去尝试一次，你不行动怎么知道不会成功呢?

其次，向银行贷款，可是很多人因为银行的高额利息而对银行贷款望而生畏。不可否认，在当前中国的金融条件下，银行对个人或企业提供贷款的条件是很严格的，不但设置了高达7%左右的银行贷款利率，而且借贷者也很难从银行获得贷款。比如说对中小企业而言，仅有质押资产是不够的，还要积累信誉，能够把握机会，及时给银行提供适当真实的财务信息；至于个人信用贷款，则只能进行物业抵押，且只能抵押50%。尽管如此，从整个社会的融资成本上来看，以物业的方式从银行贷款融资成本依然是最低的。因为目前的社会平均借款利率（15%左右）高于按揭贷款利率（7%左右），只要能满足银行的条件，从银行借到资金且使它们得到合理利用，那么就在很大程度上获得了套利机会，自然就可以借钱生钱了。

法国作家小仲马在他的作品《金钱问题》中说过：“商业，这是十分简单的事，它就是借用别人的资金来赚钱。”

最后，借企业的钱。亲人朋友的钱毕竟是小数，而从银行借贷又需要支付较高的成本，这时候成功的投资家就会想到一个新的资金来源，那就是企业。

黄光裕的后期发展就是靠借企业的钱实现的。国美电器做大以后，黄光裕便具备了较强的销售优势，这时，很多生产商家都必须依靠国美电器来宣传和销售他们的产品。因此，当黄光裕向生产厂商借钱时，由于这种互利关系，生产商家大多都是同意的。国美电器每年能够从厂家获得大概几十亿的周转资金。

事实上，借贷会在一定程度上给借贷者压力，在这种压力下，你或许就会大大收敛你的消费支出，从而更加理性地规划你的资金，实现科学理财。

美国亿万富翁丹尼尔·洛维洛就是意识到这一点才发达起来的。他到40岁的时候还是一贫如洗。后来，他突然意识到借鸡生蛋的道理。于是他先从银行贷款，买了一条普通的旧货轮，将它改装为油轮，包租出去。然后他又巧妙地以这条船做抵押，到银行借得另一笔贷款，接着又买一条货船，改装成油轮后出租。通过这种资金流通方式，短短几年时间，他的资金积累得越来越多，他还银行的贷款也越来越容易。当他的贷款基本还清的时候，他已经有了自己的几艘小油轮。

后来为了把事业做得更大，他又有了新的投资方向：组织人设计和建造一艘船，而在这艘船还没有建造的时候，他就找来某家运输公司，让它预定包租这艘还在设计中的船。丹尼尔·洛维洛用运输公司与他签订的租船合同并以“未来的”租金收入做担保，顺利地从银行贷款出一笔钱，然后用这笔钱来建造这条船。经过几年的工夫，丹尼尔·洛维洛利用船的租金逐渐偿还了船的贷款，其实相当于船把自己买下来又把自己完全赠送给了丹尼尔·洛维洛。就是这样，洛维洛没花一分钱，便成了一艘轮船的主人。

聪明的人总是有聪明的办法让自己从贫困走向富强，这其中需要智慧，也需要勇气和耐心。学会借鸡下蛋是大富翁们百试不爽的绝招，然而这招的使用是需要小心的，不要轻易地把借来的“鸡”吃掉。“心急吃不了热豆腐”，挣钱是一个巧妙的、需要头脑和耐心的过程，希望你也能从众多成功富翁的经历中总结出真理，成为一个成功的“借鸡”者。

2. 深耕于熟悉的领域

国际著名投资家、金融学教授吉姆·罗杰斯说过：“投资从来都是不容易的，大家不要盲目相信电视上或者报纸上说的一夜暴富的话，唯一的方法就是在投资之前要做足研究功课。”

罗杰斯所说的研究，就是对市场发展趋势的研究。投资者如果在投资前能够对所投资的市场做充分的研究，抓住市场脉搏，看清市场走向，想不赚钱都难。

“股神”巴菲特的投资原则之一就是不熟的不做。当年，不论科技股被炒到多高、多火，巴菲特始终坚持不熟不做的原则。因此，他有效避免了后来科技股大跌可能遭受的巨大损失。

各行各业赚钱的关键其实就在“熟悉”二字上，熟悉一个行业到一定程度，研究它的规律，抓住它的发展趋势，就可以投资了。如果一个投资者天资聪颖，又赶上了好时机，自然可以赚大钱；可是如果不够聪颖，又没赶上好时机，那么投资者就要充分熟悉投资领域，熟悉之后抓住规律也是可以赚钱的。

例如大家所熟知的在股市门口看自行车的老太太，其貌不扬，却腰缠万贯。而她的炒股思路，可谓天下无双——根据自己所看的自行车多少决定是否要入市。不可否定，她的成功是源于对股市的熟悉——一种间接的熟悉。

还有不少投资者，在交了巨额学费后才知道不应该投资不熟悉领域的道理。看到现在精明能干的花店老板张女士，让人很难跟盲目投资者扯上关系。

几年前，张女士刚刚开始创业，资金不多，每一分钱都来之不易，所以除了日常开销，她几乎不会乱花一分钱。辛苦总会有回报的，几年下来她也有了一些积蓄。

一次，张女士发现身边很多朋友都在股市进行投资，还有很多人大赚了一把。看看自己挣钱挥汗如雨，再看看人家，一夜就能赚那么多，张女士实在抵制不了诱惑，毫不犹豫地把自己辛苦攒了好几年的心血钱全部投入股市。

因为对股票一无所知，张女士很快就被套住了，看到股价一路下跌，张女士手足无措，好不容易出来的时候资金已经缩水一半多了。吃一堑，长一智，从这件事张女士悟出了道理：

天上不会掉馅饼，千万不要在自己一知半解的领域投资，否则多会蚀本而退。

痛定思痛的张女士索性不再进行资本投资。她觉得自己更适合做实业投资，因为自己在这方面不但有过多年的经验，而且还很有兴趣。

常言道：隔行如隔山。此言不假，若是在其他领域，仅仅是不懂而已，也没什么。但是如果是投资理财上，就意味着血本无归了。看到别人做生意是赚钱的，等到自己做，就只有赔钱的份了。

只有自己熟悉，才会在做的过程中遇到问题时，能自己解决，而不用求助别人；同时，也只有自己懂得，才会很好地预测以后的市场行情走势。

收藏专家张教授就一直认准这一理财理念：只有做自己熟悉的，才不会被市场“撞了腰”。张教授总是充分发挥自身的资源优势，选择自己熟悉的领域进行投资。由于工作的关系，他经常有机会接触到刚出厂的低价宝石，有时出厂价格只是市场价格的几分之一，所以只要投入极少的本金，就可以获得几倍的利润。

在投资产品选择上，张教授也一直本着“不打没把握的仗”的原则，总是选择自己最为熟悉、价格相对适中的品种。

最近几年，张教授的藏品选择基本上都集中在价格10万元以下的宝石上；他几年前投资的一些藏品最近都以高于原价200%的价格出售了，利润十分丰厚。

有了收藏积累起来的第一桶金，张教授并不为股票和基金这类投资产品所动，而是看好宝石投资的未来市场。张教授认为，随着人们生活水平的提高，在这方面的消费投入会越来越大，宝石类行业的未来前景一定是不会错的。

考察清楚市场后，张教授果断地把他的第一桶金投入到了实业里，成了某珠宝行的股东。张教授灵活运用自己的资金、技术优势以及对珠宝市场的了解和信心，成功为自己找到了投资方向。

投资自己熟悉的领域，可以有效评估投资风险，避免不必要的损失，并且有助于实现收益最大化。用熟悉的方法做自己熟悉的领域，投资者会更加得心应手，因而最为安全和保险。否则，很可能会因为自己不熟悉该领域而被欺诈或出现经营失利，甚至导致血本无归。

王老板认为做生意，很重要一点就是不熟不做，这么多年来他一直都在做商业，比如卖手机、电脑等，这些零售业务都是大同小异，只是经营的商品不同。王老板每次进入一个新的行业，都要经过仔细的市场调查，否则决不轻易涉足。

几年前，他在郊区找到一块约两万平方米的地皮，本想做百货超市，但那时附近大批楼盘都还没建起来，显得很荒凉也没人气，不适合做超市，其他行业他又不太熟悉。

最后，经过调查，他发现附近还没有一个档次较高的大型建材市场，而周围又有大量楼盘在建，所以他觉得做建材市场应该很有潜力，于是他说干就干，一个大型建材市场很快就建起来了。

不到一年，周围很多楼盘都交工入住了，王老板的建材城生意好得不得了，钱自然少赚不了。

现在看看，当年和王老板一同创业的人当中，有的还在继续做着小本生意，有的发财后因投资失误损失惨重。唯独王老板，在恪守自己投资理念的同时，基本上进入一行，就旺一行。俗话说：熟能生巧。投资者做自己熟悉的行业才更容易找到赚钱技巧。

在银行工作的柏女士，理财非常有一套。当年基金刚刚发行的时候，老百姓还都不知道基金能赚钱，都不愿意投资的时候，柏女士就想到，现在各行各业都越发专业化，理财投资专业化也是个趋势。

她认为基金投资是委托专家为自己炒股，正符合理财专业化的发展趋势，虽然是个新事物，但是应该很有前途。在与家人商量后，柏女士一家便投资了20万，用于购买基金。事实胜于雄辩，张女士的投资截至2007年初，已经获得了几倍的收益。

随着收入水平的提高，有了一些余钱的老百姓越来越多，便想着如何才能获取超过银行利率的回报，于是就有了各种各样的投资方向，比如证券、期货、外汇、房产、字画、古董等等，甚至还出现了职业投资人。

但在具体的投资方向上，投资者还是应该遵循懂什么就做什么的原则。比如对书画有研究的就收藏字画，对汇率变化敏感的就炒汇，喜欢以小博大的就在期市中拼杀，等等。

对投资者来说，只确定大方向是远远不够的，因为每一个行当里面也是千差万别的，而且每个投资领域也是不断发展变化的。因此，投资者应该不断学习、不断思考，商机处处有，要去研究才能捕捉到。

投资不是赶时髦，哪行热，跟哪行。在任何投资领域里都有“幸福像花儿一样”的投资获益者，也有“杨白劳”型的蚀本族。其中原因无外乎天、地、人的配合。有的投资者认为自己是某行的专家，走遍天下都不怕，殊不知各地、各国投资环境是有差异的。

内地一位炒股“大腕”，携百万元巨资征战香港H股市场，高手就是高手，几仗下来收益巨丰，但是意识到风险的大腕为了保住胜利成果，决定转战新股认购。

不承想，这个在大陆只赚不赔的投资领域却没能在香港大获全胜。几角钱的认购价，百分之百中签，谁知上市开盘后却跌到一半价格，账面迅速缩水一半，最后又跌到几分钱。

可是厄运还没有结束，这位内地大腕也许还不清楚，在香港做股票是可以融资的，最高甚至可以1：9的比例进行融资。如果那位“大腕”遭遇融资，那后果就更悲惨了，即使以极低的1：1的比例进行融资，而且坚持一开盘就全部成功抛售，得到的资金也已经全部不属于自己了。万一融资超过1：1，或者开盘后没有坚决抛售，结局不堪设想。

3. 充分利用信息

时间就是金钱，信息就是财富。在这个信息爆炸的时代，经济状态瞬息万变，谁能够掌握变化多端的信息，谁就能获得无尽的财富。

提到信息的掌控，我们不得不重新回到彼得·林奇的身上，让我们再次领略一下这位投资高手的风采。

创立于20世纪60年代初的麦哲伦基金，在第十年就遇到了美国股市的大崩盘，结果是可怕的，这场股市崩盘差点让麦哲伦基金遭到灭顶之灾。当时作为麦哲伦基金的主管，彼得·林奇发挥了他力挽狂澜的领袖作用。

由于基金遭到大量赎回，彼得·林奇不得不对麦哲伦基金采取封闭性措施。根据股市行情，他对麦哲伦基金采取了“高换手率”的策略。据统计，在彼得·林奇担任基金经理的第一年中，麦哲伦基金的投资换手率是343%，也就是说，他会在一个普通的工作日大约买进5000万美元，同时卖出5000万美元，后三年的换手率也都保持在300%以上。让林奇备感欣慰的是，三年对新客户的封闭期终于为麦哲伦基金赢得了休养生息的机会。

封闭期结束的第一年，麦哲伦基金数额跃升到1亿美元，并重新开始公开发行。这次险些失败的经历让彼得·林奇得到了很大的锻炼，也让他深刻体会到，在瞬息万变的经济领域中，能够及时掌握可靠信息是多么的重要。

在之后的十年中，彼得·林奇将麦哲伦基金送上登峰造极的位置。据他回忆，麦哲伦基金重新向社会开放后的十年间，其年平均增长率接近30%，基金管理的资产扩张到140亿美元，公司的投资配额表上从原来的40种股票增长到1400种。基金投资人超过100万人，不但成为富达的旗舰基金，并且成为当时全球资产管理金额最大的基金。

彼得·林奇的成功轰动了整个华尔街：《时代》周刊称他是全球“第一理财家”，《幸福》杂志则称他为“股票投资领域的最成功者”。基金评级公司更是将彼得·林奇评定为“历史上最传奇的基金经理人”。

彼得·林奇的成功宝典得益于他不相信理论和市场预测，

不依靠技术分析和动态曲线，他只凭借灵通的信息和准确的调查研究。

彼得·林奇面对记者采访时说，他对于一些投资理论和市场预测都是持有怀疑态度的，风险在股市中是无处不在的，既然风险常在，那么股市理论家和预言家的意见就具有可怀疑性，不能一味地听从他们的指挥，要根据捕捉到的信息自己来判断，否则人云亦云，很容易走进投资误区中。彼得·林奇也曾走过这样的弯路。

那是彼得·林奇掌管麦哲伦基金的第一年，他便以每股26美元的价格买进华纳公司股票。当时，一位跟踪分析华纳公司股票行情的分析家告诉他："华纳公司的股票已经极度超值，要慎重啊！"开始，彼得·林奇并没有听这个分析家的结论，他坚持自己的初衷。因为他已经调查过华纳公司，数据显示公司运行良好。他暗自想，如果信息准确，那么股票必定是上涨的。果然不出他所料，仅仅几个月后，华纳公司的股票上涨到了38美元。

分析家再次警告彼得·林奇，说38美元是超值的顶峰，已经没有空间继续上涨了。这次彼得·林奇接受了分析家的劝告，于是把手中所持有的华纳公司股票悉数抛出。

然而，华纳公司股票价格一路攀升，最后竟涨到180美元以上，后来维持在了170美元左右。由于没有进行详细的信息跟踪，彼得·林奇失去了一个大好机会，他一直对此懊悔不已。通过这次教训，彼得·林奇对那些自以为是的投资专家非常反感，不再轻易相信他们的言论了。

当他不相信那些理论说教以后，他便非常注重对投资公司的调查和信息收集。有一次，他从朋友那里听说某玩具公司股票非常有前景，便亲自到那家公司旗下的玩具商店去询问顾客信息，几乎所有的人都说他们是回头客。彼得·林奇觉得这家公司确实很有前景，于是他大量地买进该公司的股票。据说彼得·林奇在买拉昆塔公司的股票前，曾在这家公司办的汽车旅馆里住了三夜，就是为了进行实地考察和信息收集。

善于根据信息判断投资方向的他非常留意亲人的购物习惯。有一次他的妻子买回了好几件“莱格斯”牌紧身衣，而且对这个商品赞不绝口。彼得·林奇敏感地觉得这个品牌很有前景。于是第二天，他就买下了大量生产紧身衣的汉斯公司的股票，没过多久，股票价格涨到了原始价格的6倍。

纵观自己多年的投资经历，彼得·林奇说，无论对于谁，是资深的投资者，还是普通的投资者，都需要信息的辅助，而对于那些深奥的理论知识，即使不懂也没有多大的障碍。只要能够对信息敏感，再加上一点智慧，那么肯定就会有巨大的回报。股票投资是一门关于信息的艺术，不能按理论生搬硬套。

有人称赞彼得·林奇的投资就是一个信息过滤漏斗：他会先买进大批的股票，然后经过信息分析，把那些优质的、受益大的股票留下来，而那些不好的则迅速滤掉。例如当日本汽车打入美国市场后，美国三大汽车公司的股票大跌，林奇未做详尽的研究即大量购买这三家公司的股票，等到股价上涨后又悄悄卖掉，结果，彼得·林奇从福特和克莱斯勒两只股票上分别赚了超过1亿美元的利润，加上从沃尔沃股票赚的7900万美元，使麦哲伦基金再次表现出傲人的成绩。

“信息过滤漏斗”最重要的是信息过滤功能，它是对好、坏股票进行过滤的关键，谁具备了这个本领，谁就深谙了彼得·林奇的投资秘籍，谁就能像彼得一样通过投资成为一个富人。

许多股票在彼得·林奇的投资组合里仅停留一两个月，而他整个投资组合里的股票一年也至少翻检一次。此外，在林奇经营的1400多种股票中，其中最大的100种始终占其所投资金的一半，可见他对股票过滤的慎重对待。

很多投资者喜欢向彼得·林奇提及如何选择投资对象的问题，彼得·林奇的回答生动而形象。他说，投资者拥有股票就像收养孩子一样，不要贪多，要根据搜集来的信息挑选最好的。业余选股者最好抽出时间调查8~12家公司，然后在有条件买卖股票时，根据调查来的信息确定投资组合，但是最好控制在5家公司左右。

彼得·林奇还建议：最好避开热门行业里的热门股票，不要人云亦云，否则是无法挣到大钱的。相反，那些被冷落的行业里的好公司则是需要关注的。关注才能换来准确的信息，依靠信息才能知道如何选择恰当的时机买进和卖出股票。

在彼得·林奇看来，股票并不神秘，无非是根据信息来确定转折点，这也是投资的关键。在一家公司财务状况好转前的一瞬间进行投资，等到转折真正开始再增加投资，无疑是最佳的选择。而有一些人总是在股市慌乱时，头脑一热胡乱地买进或卖出，这才是最不明智的做法。

抓住信息，必须做到又快又准，这样对于投资致富才有意义。苏茜·欧曼说："赚钱要趁早。信息是不等人的，错过了好的时机，或许下一次就是下一个世纪的事情了。"

对于很多从事投资的人而言，巴鲁克学院的名号如雷贯耳，这所学院是由华尔街传奇人物伯纳德·巴鲁克创立的。

投资大师巴鲁克生于1870年，最初他在纽约的一家经纪行从事一些打杂的活儿，之后他通过不懈的努力，被迅速提升为公司的合伙人。后来他倾其所有，购得纽约证券交易所的一个席位，结果不到30岁便成了百万富翁。到1910年的时候，他已经和摩根等富人齐名成为华尔街屈指可数的大亨了。

你或许会想，他为什么可以在30岁前就成功呢？让我们来看看他是如何把握信息投资的。

巴鲁克28岁的时候，有一天，他外出旅游，在旅途中无意间听说西班牙舰队在圣地亚哥被美国海军歼灭，这意味着美西战争将随即结束。这条消息给了巴鲁克灵感，他立刻意识到如果在第二天的黎明前赶回办公室操作，就能大发一笔。他立刻赶到火车站，包租下一列专车，连夜疾驰，终于在黎明前赶到办公室。在其他投资者还没有获知关于美西战争的事件时，巴鲁克已经果断出手，发了战争财。

美国20世纪30年代的股市崩塌对全世界投资者的震撼是难以磨灭的，指数从2200点急挫到250点，这对于全世界的投资者都是灭顶之灾。然而，巴鲁克却顺利地逃过了这一劫。巴鲁克回忆道："股市崩塌的危机前夕，当时股价飞涨，人们的脑袋都炸开了锅，所有的人都在买进，想大发一笔。"然而巴鲁克预感到或许是该脱手的时候了。

他拿着信息表仔细地对比着：一般本益比超过17就是不祥之兆，即使股市再热，也应该脱手；相反，如果本益比低于10就是要买进的时候了。于是他果断地抛出了他手头的股票，躲开了股市崩塌的灾难。

从这次股市崩塌事件中，巴鲁克得到了很大的启示：真正的投资者都是靠思考和信息投资的，而不是盲目地跟着大众跑，或者跟着一些所谓的投资理论跑。人云亦云是投资股市的大忌，当大家都奔向一个目标时，即使有赢利，平均到每一个人手中，估计也所剩无几。所以投资一定不要跟风，要根据信息悄悄地买进，悄悄地卖出，这样才能成功。

巴鲁克在总结自我优势的时候说："我并不聪明，但我喜欢思考，喜欢搜集信息。大家都看到过苹果从树上落下来，只有牛顿才去问为什么。刮什么方向的风我们不必去问气象学家，从飘扬的红旗便可以知道。”

可见，信息才是成功投资的指示灯，如果你想通过投资获得大收益，那么你就必须掌握好如何获得以及利用那些信息的技巧。

投资大师索罗斯也认为陈旧的经济理论是没有什么现实参考价值的，必须通过对华尔街的考察，掌握及时的信息动态，才能抓住投资的关键。现在的经济市场是不断变化的，那些固定的数学公式已经不能够再描述那些变化多端的股市。正确的投资要立足于经济、政治的变化而统筹决定。

1981年里根就任总统，索罗斯嗅出了政治调整的味道。他通过对里根新政策的分析，确信美国经济将会开始一个新的循环。于是索罗斯根据分析出的结论，果断地进行投资。

历史证明索罗斯是明智的，美国经济在里根的新政策的刺激下，开始走向繁荣。1982年夏，贷款利率下降，股票不断上涨，索罗斯的量子基金获得了巨额回报。1982年底，仅量子基金就上涨了56.9%，其净资产从1.933亿美元猛增至3.028亿美元。

随着美国经济的发展，美元表现得越来越坚挺，美国的贸易逆差以惊人的速度上升，预算赤字也在逐年增加，索罗斯确信美国正在走向萧条，一场经济风暴将会危及美国经济。他想，他要好好地把握住这次风暴的变动，于是他密切地关注着政府的决策以及经济的发展动向。

随着石油输出国组织的解体，美国通货膨胀开始下降，相应利率也在下降，这些都造成了美元贬值。索罗斯预测政府将采取措施支持美元贬值，而同时德国马克和日元则将升值。

于是，索罗斯根据自己探寻到的信息，从1985年开始，大力投资马克和日元。1985年9月，事态果然朝索罗斯预测的方向发展：美国新任财政部长詹姆士·贝克和法国、德意志联邦共和国、日本、英国的四位财政部部长在纽约开会，商讨美元贬值问题。最终的结果是中央银行必须低估美元价值，迫使美元贬值。那一天的美元贬值差额就使索罗斯一夜之间赚了4000万美元。接下来的几个月，美元继续贬值，索罗斯在这场投资中赚了大约1.5亿美元。

通过上面三位投资大师借助信息成功致富的故事，可以得出一个结论：信息就是财富，根据信息不断地调整自己的投资方向才是投资致富的重要途径之一。

4. 只要值得就要去冒险

风险大，利润必然也大，值得去冒险。

冒经济风险的胆量，是富人所具有的特征之一。

有人专门问过1000位高收入者一个简单的问题："合理的经济风险对于你们在经济上的成功有多大的重要性呢？"净资产在1000万美元以上的百万富翁中有41%人回答："非常重要。"而净资产在100万到200万美元的高收入者给出同样回答的，仅有21%。

愿意冒具有合理回报的经济风险与净资产之间明显存在着重要的联系。那些把自己经济上的成功归功于冒经济风险的人，在投资方面并不是瞎撞。他们大多数人认为，把赌博当作自己的经济来源是一种愚蠢的选择，而大多数富翁或那些想成为富翁的人决不会去玩彩票。大多数人决不去赌博——冒风险者根本就不是赌博者。

善于经营投资的犹太人往往都熟悉概率论，他们知道可能性和期望值。玩彩票的中彩机会非常非常之小，以至于他们认为，“每周用火烧掉几张美元也比把钱丢到彩票中去更强！”他们知道，在大多数的赌博中，尤其是玩彩票，玩者根本无法知道总的数目，所以也无法知道中彩的可能性或期望值，期望值肯定要小于总的彩票的价格。玩者除非买更多的彩票，否则就无法增加赢的机会。

只要值得，就要去冒险。这种在风险中淘金的做法，是一种令人折服的投资方法。

下面这个案例可以说明这一点。

1898年5月21日阿曼德·哈默生于美国，他上大学时，就开始经营父亲留给他的药厂事业，成果显著，他因之而成为当时美国唯一的大学生百万富翁。1921年哈默赶赴苏俄，成为贸易代理人，聚集了巨额财富。1956年58岁的哈默收购即将倒闭的西方石油公司，并成为世界最大的石油公司的创业者。1974年哈默的西方石油公司年收入达到60亿美元的惊人数字。

哈默一生与东西方政界领导人关系密切，声誉传遍全球。

经常有人向哈默请教致富的“魔法”。他们坚持认为，哈默发大财靠的不仅是勤奋、精明、机智、谨慎之类应有的才能，一定还有“秘密武器”。

在一次晚会上，有个人凑到哈默跟前请教“发家的秘诀”，哈默皱皱眉说：“实际上，这没什么。你只要等待俄国爆发革命就行了。到时候打点好你的棉衣尽管去，一到了那儿，你就到政府各贸易部门转一圈，又买又卖，这些部门大概不少于两三百呢！”听到这里，请教者气愤地嘟哝了几句，转身走了。

其实，这正是20世纪20年代时哈默在俄国13次做生意的精辟概括，其中包含着他的生意的兴隆与衰落，成功与失败的种种经历。

1921年的苏俄，经历了内战与灾荒，急需救援物资，特别是粮食。哈默本来可以拿着听诊器，坐在清洁的医院里，不愁吃穿地安稳度过一生。

但他厌恶这种生活。在他眼里，似乎那些未被人们认识的地方，正是值得自己去冒险，去大干一番事业的战场。他做出一般人认为是发了疯的抉择，踏上了被西方描绘成地狱似的可怕的苏俄。当时，苏俄被内战、外国军事干涉和封锁弄得经济萧条，人民生活十分困难；霍乱、斑疹、伤寒等传染病和饥荒严重地威胁着人们的生命。列宁领导的苏维埃政权采取了重大的决策——新经济政策，鼓励吸引外资，重建苏俄经济。但很多西方人士对苏俄充满偏见和仇视，把苏维埃政权看作是可怕的怪物。到苏俄经商、投资办企业，被称作“到月球去探险”。

哈默心里当然也知道这一点，但风险大，利润必然也大，值得去冒险。于是哈默在饱尝大西洋中航行的晕船之苦和英国秘密警察纠缠的烦恼之后，终于乘火车进入苏俄。

沿途景象惨不忍睹：霍乱、伤寒等传染病流行，城市和乡村到处有无人收殓的尸体，专吃腐尸烂肉的飞禽，在人的头顶上盘旋。哈默痛苦地闭上眼睛，但商人精明的头脑告诉他：被灾荒困扰着的苏俄目前最急需的是粮食。他又想到这时美国粮食大丰收，价格早已惨跌到每蒲式耳一美元。农民宁肯把粮食烧掉，也不愿以低价送到市场出售。而苏俄这里有的是美国需要的可以交换粮食的毛皮、白金、绿宝石。如果让双方能够交换，岂不两全其美？从一次苏维埃紧急会议上哈默获悉苏俄需要大约100万蒲式耳的小麦才能使乌拉尔山区的饥民度过灾荒。机不可失，哈默立刻向苏俄官员建议，从美国运来粮食换取苏俄的货物。双方很快达成协议，初战告捷。

没隔多久，哈默成了第一个在苏俄经营租让企业的美国人。此后，列宁给了他更大的特权，让他负责苏俄对美贸易的代理商。哈默成为美国福特汽车公司、美国橡胶公司、艾利斯—查尔斯机械设备公司等三十几家公司在苏俄的总代表。生意越做越大，他的收益也越来越多。他存在莫斯科银行里的卢布数额惊人。

第一次冒险使哈默尝到了巨大的甜头。于是，“只要值得，不惜血本也要冒险”，成了哈默做生意的最大特色。

5. 开辟多种渠道赚取金钱

在物价飞速上涨的今天，如果仅仅靠一份工作来积累财富恐怕是天方夜谭了，各种消费都在洗劫我们的钱包，不要说积累财富了，可能连当月的基本消费都承担不起，即使面对这种困境，生活还得继续，不是吗？所以仅仅一份工作，靠着“铁饭碗”的时代已经成为历史了，当今，身兼多职才是时代的主题。

无数富人的经历告诉我们：不要放过任何一个赚外快的机会，外快可以让你更快地成为富人俱乐部的会员。

彼得·林奇，麦哲伦基金的创始人，现任美国富达公司第一副总裁，他被称为美国最伟大的基金经理和投资奇才。彼得·林奇出生于美国波士顿的一个富裕家庭里。父亲曾经是波士顿学院的数学教授。他10岁那年，父亲因病去世，全家的生活陷入困境。家人开始节衣缩食，林奇也从私立学校转到了公立学校。

为了缓解家庭的经济压力，林奇在一个高尔夫球场当球童，那时候很多大企业的老板都有打高尔夫球的爱好，他们经常在一起讨论经济和投资问题，于是小林奇就在他们的谈话中，接受了股票市场的早期教育。每一次的兼职，他不仅仅挣到了钱，还学到了无价的知识和经验。

彼得·林奇读完中学后，顺利考进波士顿学院，即使在学习期间，他也未放弃兼职球童的工作。大学一年级时，林奇获得了球童奖学金，加上积累的小费，他不仅可以自己支付昂贵的学费，而且还剩下一笔不小的积蓄。

大二那年，他听完证券学教授讲授的美国空运公司的未来前景后，立刻从积蓄中拿出1250美元投资于飞虎航空公司的股票。这种股票因太平洋沿岸国家空中运输的发展而暴涨。林奇凭借这笔资金狠狠地赚了一笔外快，这笔钱供他读完了大学，还读完了研究生。

彼得·林奇攻读研究生时也没有闲着，他早已深深体会到各种兼职给他带来的金钱和知识收获。他利用暑假时间，在富达公司找到了一份兼职工作。

那时候富达公司在美国发行共同基金的工作中做得非常出

色，所以彼得·林奇能在这样的公司实习，对他而言，机会是非常宝贵的。在富达公司，彼得·林奇被分派做企业调研和撰写报告的工作，负责对全国造纸业和出版业公司的真实情况进行实地调查分析。除了比较可观的实习费外，他还通过深入接触股票，认识到了股票的真实面目。

后来，他正式进入了富达公司工作。1974年，彼得·林奇升任富达公司的研究主管。1977年，彼得·林奇被任命为富达旗下的麦哲伦基金的主管，从此他拥有了一番可以展翅高飞的天空。

回想他以前走过的兼职生涯，不仅仅给他积累了生活所需的资金，还给他带来了很多在日后倍加受用的知识。

现在依然有很多人狭隘地认为，兼职只是穷人才去做的苦力活。这种想法严重地毒害着他们的求富思维。于是，即便是赚外快的机会幸运地找上了他们，他们因为好面子、怕丢人，或者害怕辛苦也不肯去接受它们。他们依然靠着那点微薄的薪水，勒紧腰带度日。当他们看到别人在享受生活、叱咤股市的时候，他们只有羡慕的份儿。

事实上，赚外快已经不仅仅停留在因为没钱花而需要去做的年代了，能够赚到外快不仅仅是财源的一种，更是把握机会、获得知识的一种。身兼多职会让你认识更多的人，接触更多的工作，体会更多的生活。人生本来就应该是丰富多彩的，如果被一项工作遮住了全部的视线，你不觉得那是一件非常可惜、狭窄的人生吗？

金融天才乔治·索罗斯说，现在所有人的收入只有一个来源，就是工作。这种财务结构是有一定风险的，如果你只有一份工作，那相当于你的风险就高达50%，如果你拥有很多份兼职，那么你的财务风险就会根据兼职的增多而大大降低。所以，要想拥有稳健的财务结构，就要不断地努力工作，还要辛勤地身兼多职。

乔治·索罗斯从1969年建立“量子基金”至今，创下了令人难以置信的业绩，以平均每年35%的综合成长率令华尔街同行望尘莫及。

乔治·索罗斯1930年生于匈牙利的布达佩斯一个中上等级的犹太人家庭。他的父亲是一名律师，为人精明，很有经济头脑，对幼时索罗斯的影响是极其深远的。父亲不仅教会了索罗斯要自尊自重、勇于探索，而且向索罗斯灌输了一些超前的理财观念。

索罗斯在少年时代就尽力显出自己的与众不同，他兴趣广泛，在运动方面比较擅长，尤其是游泳、航海和网球，并喜欢涉猎很多他没有接触过的领域。索罗斯的童年是美好的，直到1944年，随着纳粹对布达佩斯的侵略，索罗斯的幸福童年才宣告结束。

1947年秋天，17岁的索罗斯只身离开匈牙利，准备前往西方国家寻求发展。他先去了瑞士的伯尔尼，然后马上又去了英国的伦敦。在伦敦的时候，他打了很多小工，涉及了很多方面的兼职，但是由于他学历低，所以他从事的兼职含金量都太低。工资非常低，又缺乏乐趣，于是他对人生有了新的决定——继续求学。1949年索罗斯进入伦敦经济学院继续学习。

在伦敦经济学院，索罗斯选修了诺贝尔经济学奖获得者约翰·米德的课程，这对他走上经济之路发挥了启蒙的作用。此外，他还学习了英国哲学家卡尔·波普的课程，通过学习，他了解到经济运作的方式，并开始思考它与世界经济的关系。此外，他读书期间，也没有放弃做兼职的机会，理论和实践的结合让他把一些经济现象看得越来越透彻。这些学习和经历给了他丰富的知识，对索罗斯建立金融市场运作的新理论打下了坚实的基础。

1953年春，索罗斯从伦敦经济学院学成毕业，他面临着如何谋生的问题。为了生存，他做过很多工作。最开始，他选择了推销手袋的工作，但他很快发现推销手袋这份工作没有什么大的发展前景，于是他又开始寻找新的赚钱机会。当索罗斯发现参与投资业有可能挣到大钱时，他就给城里的各家投资银行发了自荐信，最后一家公司聘他做了见习生。他的金融生涯从此揭开了序幕。同时，索罗斯还担当着这家公司的交易员职位，专事黄金和股票的套利交易。虽然这些兼职并没有给他带来很大的财富，但是却给他积累了千金难买的经验。

1957年，索罗斯带着他的全部积蓄5000美元来到纽约，通过熟人的引见，进了另一家公司，当了一名套利交易员，并且从事欧洲证券分析，为美国的金融机构提供咨询。1959年，索罗斯转入经营海外业务的Wertheim公司，继续从事欧洲证券业务。幸运的是，Wertheim公司是少数几个经营海外业务的美国公司之一，因此索罗斯始终是华尔街上很少几个在纽约和伦敦之间进行套利交易的交易员之一，这种宝贵的经历给了他很大的收益。

1960年以后，索罗斯多年兼职获得的工作经验终于得到了发挥空间和回报。他经过分析研究发现，由于德国安联保险公司的股票和房地产投资价格上涨，其股票售价与资产价值相比大打折扣，于是他建议人们购买安联公司的股票。摩根担保公司和德累福斯基金根据索罗斯的建议购买了大量安联公司的股票。结果如索罗斯所料，安联公司的股票价值翻了3倍，索罗斯因而声名大振。

索罗斯一直坚持“稳健经济理论”，他和美国第一理财大师苏茜·欧曼的理论恰有同工异曲之处。所谓稳健经济，就是个人的资产来源不要期望于一个目标上。道理很简单，用交通工具做个比喻吧，四个轮子的汽车永远比两个轮子的自行车跑得稳当，而且速度快。对于财富累积也是同样道理，仅仅靠一个工作来挣钱，钱永远不会来得稳健而且高速；必须懂得寻找兼职，通过各种外快提高自己的财富积累速度。

苏茜·欧曼说，金钱并不是肮脏和邪恶的东西，只是看待它的人心有善有恶罢了。金钱永远是多多益善的，这不是拜金，而是对美好生活的追求。

在生活中，苏茜·欧曼也执行她的“金钱论”，据说如果想和她共进晚餐，那么请先付1万美元的预约费。或许这个昂贵的预约费也只有这个精明的理财大师才敢要。

苏茜·欧曼丝毫不掩饰她对金钱的追求，她儿时的一些记忆以及家庭教育对她的影响，都让她觉得对金钱的追逐是每一个智慧的人都迫切想去做的。这种原始的欲望如果被压抑，那就是虚伪的。通过正当手段追求金钱，不仅是光明正大的，而且是应该被推崇的。

苏茜·欧曼大学毕业后，在一家面包房里做了七年的女招待。后来得到了一个老主顾的支援，她用借来的5万美金购买了石油股票，结果她有了5000美金的赢利。然而，随着国际石油市场的动荡，她的积蓄又被洗劫一空。她受到很大的打击，她认识到如果不把握其中的规律是永远无法获得主动权的，于是她潜心学习，决定当一名专业的理财师。

从一个女招待到富翁的理财顾问，而她自己也成为身家亿万的女性，她不仅仅成为全世界女性的榜样，也让很多男人都望尘莫及。苏茜·欧曼被誉为“全球最出色，最富有激情，也是最美丽的个人理财师”，这位传奇的职业女性在讲授理财之道时，最喜欢强调的是，“钱就是一件非常好的东西，多多益善，为什么我们要压抑自己对它的狂热呢，积极地行动起来，不放过任何一个挣钱的机会，这样你才有成为亿万富翁的可能。”她认为，金钱是不分国度的，虽然各国文化对金钱的理解有差异，各国的个人财务制度，以及金融机构的个人产品也有所差异，但总体来讲，投资原则是一致的，金钱的意义是一致的，对财富的追求是一致的。

“不积跬步，无以至千里；不积小流，无以成江海。”财富的积累非一日之功，它应该是一个渐进的过程。除了一份稳定的工作收入外，我们还需要尽量身兼数职，这些兼职不仅仅能加速我们财富积累的进程，同时也能开阔我们的视野，增长我们的见识，何乐而不为呢?

三、只选对的不选贵的——富人看大势赚钱

1. 突破思维定式

在现代社会环境下投资创业，事实上就是创造力的竞争。富人往往能够充分发挥主观能动性，通过突破思维定式从“无”中生出“有”来，以致给自己带来滚滚财源。

拿破仑·希尔曾讲过这样一个故事：

很久以前，一位年迈的乡村医生驾着马车到了一个小镇，他把马拴好之后，悄悄地钻进一家药店，和一位年轻店员商谈一桩秘密生意。

一个多小时后，店员跟着医生走近马车，带回一个老式大铜壶。店员经过一番检查后，掏出一卷钞票递给老医生，这500

美元是年轻店员的全部积蓄。

老医生便给店员一张写好配方的小纸条。小纸条的价值究竟有多大，老医生自己不清楚。这个奇妙配方将创造多少大的奇迹，年轻店员也无太多把握。

后来，店员遇到了一位年轻美丽的姑娘，他请她品尝了铜壶中的饮料后，姑娘赞不绝口，再后来，这位姑娘成了年轻店员的妻子。更重要的是，他们一起用那位老医生的配方生产饮料，创造了巨大的财富。

这种饮料就是当今风靡全世界的可口可乐。

激发创造力，就要让脑子多走些路，突破思维定式。要想获得利润，必须长于思索，善于发现。这样，才能够不断地抢占商机。

思维定式对人们思考问题显然有很多好处。它不仅能使思考者省去许多摸索、试探的思维步骤，不走或少走弯路，大大缩短思考的时间，提高思维的效率，还能使思考者在思考过程中感到驾轻就熟，轻松愉快。

思维定式在日常工作和生活中的作用更是不可低估。有人曾估计说，思维定式可以帮助人们解决每天所碰到的90%以上的问题。

思维定式却不利于创新思考。而经商必须要创新思考。只有创新思考才能解决在经商过程中所遇到的新问题，才能对旧有的问题采取新的解决方式。

创新思考最主要的是突破思维定式。突破思维定式作为一种创新思考方法是指在思考有待创新的问题时，能打破常规的思考路径，独辟蹊径地找出解决问题的方法。这就是所谓的“别出心裁”。

下面我们来看一个别出心裁的致富例子。

在日本川崎市有一家叫作“冈田屋”的百货商店。在其他商店只能勉强维持的时候，冈田屋却长期保持利润增长，业务不断扩展，销售额年年增加。这是为什么呢？原来这家商店的老板在长期的经营活动中善于观察，创造出许多与众不同的经营策略和行销战术。

在商业零售中，常常有因零钱不足而找不开钱的问题。冈田屋百货公司早在1961年就想出了一个解决问题的办法，既解决了零钱不足的问题，又招徕了顾客。这个办法就是在百货公司门口营业厅，收款台设立一个个“抽奖处”，顾客每支付一日元就可获得一次抽奖的机会。顾客购物时往往要求不用找零，而用零钱抽奖。这种别出心裁的手法，不但满足了顾客用小钱获大奖的投机心理，而且本身也为商店又增加了一笔收入。商店恰恰抓住了顾客心理，每个顾客都乐于到这个商店来“购物”和“碰运气”。

这是一种别出心裁的致富路径，是一种智力致富。投资、做生意就得让脑子多走些路。

2. 忙真正值得忙的事情

《羊皮卷》上记载了这样一个小寓言：

一只蜜蜂和一只苍蝇同时掉进了一个瓶子里。在这个瓶子的瓶口处有一个小口。蜜蜂整日在瓶子的底部转来转去，它每日充满希望，一刻不停地咬啊、叮啊，希望自己叮破这个瓶子，然后就可以出去了。结果，三天之后，它死在瓶子里面。苍蝇呢，它在瓶子里转了几圈后，发现四周都很坚固，于是就飞到瓶口处，意外地发现那里有一个口子，就飞了出去。

准确地找到奋斗的方向，需要把主要的精力放在寻找解决问题的突破口上。像蜜蜂一样不停地埋头苦干，虽然极为勤奋，但是徒劳无功，枉费心机。

穷人终身劳碌却一无所获，富人不甚忙碌却颇为富有，甚至是不劳而获。后者看似清闲，却把全部的精力放在了他们真正应该投入的地方，他们明白应该在什么地方投入更多的精力，什么事情根本不需要投入精力。而前者，看似终日奔忙，但是他们却不知道自己真正应该做的事情是什么，他们的原则是这是工作，就要完成，至于为何要完成这些工作，怎样才能完成这些工作，他们全然不知。在这些问题面前，他们变得稀里糊涂。他们一心想的是快干，快干，再快些。大量的精力被放在了一些不重要的事情上，以致错过了干重要事情的机会，而因小失大。

作为世界上最为精明的投资者们争夺的宝地，华尔街聚集了为数众多的投资者。许多投资者每天都要紧盯着电脑看行情报价，不放过任何一个可以看到的市场分析、评论的文章，因为他们明白假如错过任何一个有价值的信息，就可能失去一次绝好的发财机会。因此，他们整天都待在自己的办公室里，紧张地研究和分析各种可能的情况。回家之后，还在不停地思考和预测未来的变化。仅在办公室里，他们每周都至少工作80个小时以上，然而，每每事与愿违，他们的投资大多都以亏本告终。

与此同时，著名的金融家摩根也在这条街上，不过他与众多的投资者不同。人们大多数时间看见他在休假，或者是娱乐，他每周的工作时间不到30小时。人们大惑不解，就问他为何如此轻松却赚到了那么多的钱。他回答说：“那其实是工作的一部分，只有远离市场，才能更加清晰地看透市场。那些每天都守在市场上的人，最终会被市场中出现的每一个细节所左右，也就失去了自己的方向，被市场给愚弄了。”

摩根赚钱很轻松，正如他自己所说的那样，一味艰苦地工作，往往看不清市场的本来面目，被市场所愚弄，当然赚不到钱了。而摩根在玩乐中，超然于纷繁复杂的市场之外，他能够极为冷静地判断目前的市场走势，透过光怪陆离的表面看清楚目前的问题所在，这才是摩根的过人之处。拼命地工作，盲目地跟随，结果肯定是输得一塌糊涂。

“有些事情何必自己去干呢，你只需要干自己必须去干的事情，其他的事情交给别人去干好了。一个人倘若事必躬亲，不论其才干多么高超，也难以兼顾。”洛克菲勒说，“我永远信奉干活越少，赚钱越多。我只去做那些需要自己认真思考的事情，这样才有意义。”

3. 该出手时就出手

李嘉诚是闻名海内的华商巨富。特别是他在地产业的卓越成就更是让大众赞叹不已。有人说：“李嘉诚横扫香港的产业。”那么，让我们看一下李嘉诚驰骋于香港地产业的经历。

20世纪50年代后期，香港经济步入繁荣时期，但人多地少的矛盾日益突出。李嘉诚果断地觉察到，投身房地产业的时机已到了！于是，从1958年开始，他就步步为营，有计划、有选择地购买房地产、地皮。首先，他在香港北角购买了一块土地，建了一座大厦，从此拉开了自己做房地产生意的序幕。接着，他又在柴湾购买地皮建楼，两座大厦总面积共计12万平方英尺。不久即顺利出手，斩获颇丰。

20世纪50年代末，他的智囊团提供的各类信息表明：香港将步入后工业化时代。“港英政府”将实行高地价政策。李嘉诚看准势头，当机立断，买下了新界屯门乡的一块地皮建造工厂。20世纪60年代初，李嘉诚的发家产业长江公司的塑胶花生产渐入低谷。面对这种形势，李嘉诚下决心转变经营类型，大规模进军房地产业，短短几天内便买下了上百万平方米的地皮和旧楼。不久，香港地价、房价暴涨，李嘉诚由原来的千万富翁一跃跨入了亿万富翁的行列，成为香港地产业的巨人。

李嘉诚超人的胆识和魄力尤其体现在20世纪60年代中后期。当时，香港政局不稳，投资骤减，房地产价格猛跌。于是一些商人纷纷抛售地产，以防万一。此时的李嘉诚却与他们截然相反，他把全部资产转入地产业，而且光买不卖。在别人眼中，他简直是愚蠢透顶。而李嘉诚却独具慧眼："我看准了不会亏本才敢投资，男子汉大丈夫还怕风险？怕就干脆别干。"可以说，这么一干，李嘉诚的地产事业进入了第二个高潮时期。

当时一些目光短浅的商人日夜担心内地会以武力收回香港，于是纷纷以低价抛售多年苦心经营的工厂、商号、酒楼、住宅等，企图携款逃难。李嘉诚却始终持长远眼光，认为中国政府绝对不会对当局动武，内地和香港之间不可能爆发战争。李嘉诚公开宣称："你们大拍卖，我来大收买！以后，你们有追悔莫及的那一天！"于是，他以超低价一座接一座地买进大楼，同时还趁建筑材料疲软之时大兴土木，建起了一座座高楼大厦。

到了20世纪70年代初期，香港地价再次回升，房价大涨。而此时的李嘉诚已经建起了许多漂亮的大楼和厂房，不久即全部出售，赚取了不菲的利润。

作为一个有远见卓识的企业家，李嘉诚并没有就此裹足不前，而是继续奋斗，再创佳绩。当时，香港股市存在很多不确定因素，投资股市承担着较大的风险，李嘉诚孤注一掷，先后发行了近2000万支股票，筹集了2亿多资金，组建了“都市地产”公司，与“新鸿基”“亨隆”等集团公司实行联营，买入了港岛湾仔旁英美烟厂旧址，兴建大厦后，迅速脱手又获利超过亿万元。

到1972年，李嘉诚已经拥有了35万平方英尺的房地产建筑，每年租金收入高达390万港元；他还买下了7块地皮，兴建大楼。他以8500万港元买进占地86.4万平方英尺的北角半山风景区，在“赛西湖”地段兴建了10座高达24层的高级住宅，并将其余空地建成娱乐休闲度假村。他与新鸿基、亨隆、周大福等集团联合，买下了湾仔海滩的高士打道、英美烟草公司的地皮，兴建了伊丽莎白大厦和洛克大厦。李嘉诚发行的股票已超过1亿股，共集资3亿美元，先后兴建了几十座大厦、厂房出售，公司再创净利润达5亿多元。到20世纪80年代末期，地价上涨一二十倍之多！而此时的李嘉诚已拥有房屋500万平方英尺，与香港政府、英资的置地公司，形成三足鼎立的局面。

4. 与大众背道而驰

在某些时候，你会在星巴克咖啡馆偶遇戴维·希罗，如果你恰好看见他正在零钱罐里翻找什么，不要好奇。贵为资金规模52亿美元的奥克马克国际基金的投资组合经理，希罗并不是在寻找零钱为自己的泡沫摩卡买单，而是在搜寻20世纪20年代铸造的1美分硬币，其中一些现在已身价成百上千美元。没错，希罗的搜寻招惹了其他人异样的眼光，但对希罗来说，这种做法却再正常不过了，无论是在收藏还是投资方面。

1998年，当投资者纷纷逃离亚洲货币危机过后的新兴市场时，希罗却在这些市场大举买进。而油价飙升时，他又对能源股避之不及。现在热钱潮水般涌入巴西和中国等国家，希罗对这些市场的投资却仅占其投资组合的区区7%。这个49岁的“大男孩”说，一旦某个股市火爆起来，“人们趋之若鹜，我们则退避三舍”。

这种与大多数人背道而行的方法帮助希罗——一个土生土长的美国威斯康辛星乡下人，在过去十年击败了99%的同业竞争者。过去十年中，希罗的基金回报率几乎达到每年8%，比摩根士丹利资本国际欧洲、大洋洲和远东指数（MSCI EAFE）高出7个百分点。立特曼/格列格利资产管理公司（Litman/Gregory）的首席投资长杰瑞米·德古鲁特（Jeremy DeGroot）说，“他愿意等着，直到全世界都来关注他的想法”。希罗为这家公司提供咨询。这说明他经常为哪支股票是真正值得投资的问题与其他投资人意见相左。作为一个爱车人，希罗把他购买的股票比喻成宝马3系，而不是极其便宜的南斯拉夫“垃圾”货。奢侈品零售商历峰集团（Richemont）在他眼里就是宝马，该集团的股票与其他股票相比似乎相当昂贵，但由于这家公司的盈利能力和在发展中国家的广泛布局，其股票的确物有所值。

为了给自己的信念寻找依据，希罗与其工作人员定期出差海外，会见对象不仅包括他们想投资的公司，还包括这些公司的竞争对手、经销商和控股股东。最近，虽然希罗不再称新兴市场存在泡沫，但他认为投资欧洲和日本的蓝筹股是从美国以外国家的经济增长中获利的更好选择。他管理的基金将大约60%的资金投在欧洲市场，尽管该地区发生了债务危机。希罗认为贬值的欧元最终会帮助欧洲经济得到恢复，他也愿意买入那些长期生存能力未受影响的公司股票。他曾经大举买进了厉峰集团和西班牙国家银行（Banco Santander）的股票。

此外，希罗还继续持有一部分其投资组合中2009年跑赢大盘的股票，因为他觉得发行这些股票的公司很多都已成功提升了自己的竞争力。这一理念也使希罗与传统思维格格不入，但只要他的投资组合可以产生出与部分1美分硬币今日售价相当的增值倍数，他就不会在意。希罗说："人们是如此习惯填鸭式教育，你不用害怕与众不同。"

5. 拥有一双善于发现的眼睛

投资方向和投资工具并不是一成不变、适用终身的。任何投资都是以市场为依托，随着供需变化不断发生变化的。

如果死死守住最原始的投资方向和投资策略，不理会投资市场的变化，市场最终一定会丢下你。不变的是理论，变化的是策略。在瞬息万变的投资市场里，富人往往能看准市场，不断发现问题，从而通过发现新的机遇而赢得源源不断的利润。

劳埃尔·皮科克曾说过：“成功人士的首要标志是他的思维方式。”据《夷坚志》记载，南宋时期，有一次临安城失火，殃及鱼池，一位姓裴的店主也遭到牵连，但是他并没有立刻救火，而是带上银两和伙计到城外去采购建材。火灾过后，百废待兴，建材热销，此时这位裴氏商人所赚的钱比被烧店铺的价值高十倍还要多。管中窥豹，略见一斑，对市场的预见性是投资者财富永不干涸的源泉。

美国人基姆·瑞得年轻时一直从事海洋沉船的寻宝工作。可是有一天，一个高尔夫球改变了他一生的命运。有一天，他看见有个人正在打高尔夫，由于动作失误，球被打进高尔夫球场的湖中。此时基姆的眼前一亮，仿佛看到了商机。

很快他换好潜水衣，就带着打捞工具纵身跃进湖中。正如他所料，这个湖中有大量的高尔夫球。而且，这些球看起来都很新，原来这些都是人们不小心打到湖里的。

后来，基姆返回岸上，跟球场经理约定好以每个高尔夫球10美分的价格，打捞之后再卖给球场。于是在一天的时间里，他打捞了不下2000只球，当然收入也很多，几乎相当于他以前一个星期的报酬。

认准机会的基姆，索性每天把打捞出来的球进行清洗，然后喷漆，最后再以低廉的价格卖出。可是不久，越来越多的潜水员看中这一赚钱方式，纷纷效仿基姆捞球。

看好市场的基姆再次转换思路，专职做起了回收旧球的生意。于是他不再下水捞球，而是坐收渔人之利，以略低的收购价格回收旧球，这样几乎每天都可以收到大量旧球。到现在他的旧高尔夫球回收利用公司一年的总收入已超过800多万美元。

高尔夫球天天落水，别人熟视无睹，可是基姆却从中看到金钱，看到机会，当别人追随他的赚钱轨迹后，他又开始调整自己的策略，把不利竞争变为有利财源。

聪明的投资者总是善于创造财富。在当今这个竞争激烈的年代，只有看准大势，勇于把握机会，善于调整策略，投资者才会得到不少的回报。

投资需要开动脑筋，适时调整自己，在平凡之中发现不平凡的赚钱机会。一个懂得追求金钱的投资者才有可能得到金钱的垂青。下岗女工周立仅用区区几千元启动资金，就轰然叩开了财富之门。

十年前，周立下岗了，那年她刚32岁。而当时丈夫每月也只有500多元的工资，家里上有老下有小，既有长期卧病的老人，又要供学生。在周立看来，天都要塌下来了。

已进而立之年的她，一没有专长，二没有资金，无奈之下，周立只好四处托人找工作，后来她终于在一家家政服务公司做起了钟点工。

几个月后，周立被派往某别墅区做钟点工。由于表现不错，被这家长期雇用。可是不久，她在做家庭清洁时遇到一件令人头痛的事：这家的空调制冷效果突然下降。接着，这家人又莫名其妙地出现了鼻子和咽喉干燥，全身无力等症状。他们在网上一搜索，发现自己得了“空调病”。

原来“空调病”的主要原因是，空调在运行中，内部的静电发生吸尘，微小灰尘穿过空气过滤网进入空调内部，经过潮湿的蒸发器全面接触后，再吹回室内；长此以往，室内的灰尘、污垢、细菌等积累堵塞在空调内部，当空调停机后，温度的恢复会使细菌繁殖、霉变，并产生异味，最终导致“空调病”的发生。

面对这个问题，周立不知所措。万般无奈之下，她只得向这个空调的售后服务部联系。说明情况之后，售后人员就告诉她应该使用某类清洗剂和消毒剂，然后又登门耐心教会她如何使用。

此时周立才知道，原来空调的清洗、消毒，并非那样简单，只洗洗室内机的防尘罩是远远不够的，要彻底清洁它是有一套严格的保洁程序要做的！后来周立又跟别人学会彻底清洗厨房抽油烟机的方法，彻底清理后的油烟机，可以大大减轻风机的运转负荷，机器的抽排烟能力也得到大大提高。

勤劳的周立把这些知识都用到日常的保洁工作中，帮助雇主把家里的空调、抽油烟机进行彻底擦拭、清洗和消毒，直到它们又都重新焕发出了光彩。

听到消息的邻居赵女士主动找上门来，请周立去把她家里的几个空调也全部进行清洗、消毒。热情的周立很爽快地就答应了，没想到干完活，邻居连连道谢，还付了200元手工费。不久，这个小区里又先后有几十户人雇她去清洗空调及抽油烟机。短短几天之内，她竟然赚到了2000多元钱，大大出乎她自己的意料。

见生意如此火爆，聪明的周立就想干脆开个家庭保洁公司。经过调查，周立获知在发达国家和地区，人们对空调、彩电、电脑等电器的致病、耗能了解很多，专业家电清洗业十分发达，很多地方政府都制定了相关的法规，强制性地对公共场所的电器进行定期的清洗、消毒。

而国内高档电器空调等普及时间还不长，消毒清洗业还没有引起人们注意，但是随着近年来越来越多的健康知识的普及，专业家电清洗业市场的潜力大得惊人。

周立下定决心投资做这一行，广泛了解之后，她得知有一家家电清洗加盟连锁公司。于是她来到这家公司，缴纳了加盟费之后，就拿到了清洗设备、清洗剂、技术教程、营销策略建议、工衣工帽工牌等开展业务所需的各种软硬件。

一年之后，周立招聘了几名下岗职工，创办了一个专门从事家电专业清洗的小公司。而进入这一行业的资金门槛非常低，由于所经营的业务都是上门服务，所以没有必要租高档门脸，只需一间普通办公室，一部电话即可。由于没钱做广告，周立就把服务目标定在高档住宅小区的物业上。

她首先跟物业管理处取得联系，如果对方允许他们进驻小区，就会通过物业通知的形式向小区住户推介。他们每天都能接到很多要求做清洗和消毒的工作，由于收费不高，所以人们开始为他们做口头广告。

这个服务项目的受欢迎程度远远超出周立的预期。仅在一个小区就先后为80多家提供了服务，除工人的工资、房租等开支外，纯利润达到了1万多元。

后来周立又得到多家小区物业的营业允许，生意越做越大，有时候因为要求提供服务的客户太多，只得让他们排队等候，甚至有的还被排在了一个月后。接着周立又招聘了10名工人，其中还有几个是毕业后没找到工作的大学生。

如今在家电清洗消毒市场，周立的公司已经站稳脚跟，还为三十多个下岗职工提供了就业机会。几年下来，她不但还清了原来的债务，还有了上百万元的家底。

一名平凡的下岗女工，通过自己的努力，不但发现了赚钱的机会，还为很多人解决了就业问题。周立的成功靠的不仅仅是勤奋，还有智慧以及对市场的预见和把握。

6. 该放弃时要果断放弃

欲望无穷无尽，而机会却稍纵即逝。很多时候，为了得到更多而一味等待，不采取果断的行动，不但不能满足我们的欲望，反而会让我们失去原先拥有的东西。

一天，靠炒卖股票发家的巨富列宛，看着他8岁的儿子在院子里捕雀。

捕雀的工具很简单，是一只不大的网子，边沿是用铁丝圈成的，整个网子呈圆形，用木棍支起一端。木棍上系着一根长长的绳子，孩子在立起的圆网下撒完米粒后，就牵着绳子躲在屋内。

不一会儿，就飞来几只雀儿，孩子数了数，竟有十多只！它们大概是饿久了，很快就有八只雀儿走进了网子底下。列宛示意孩子可以拉绳子了，但孩子没有，他悄悄告诉列宛，他要等那两只也进去再拉，再等等吧。

等了一会儿，那两只非但没进去，反而走出来四只。列宛再次示意孩子快拉，但孩子却说，别忙，再有一只走进去就拉绳子。

可是接着，又有三只雀儿走了出来。列宛对他说，如果现在拉绳子还能套住一只玩儿。但孩子好像对失去的好运不甘心，他说，总该有些要回去吧，再等等吧。

终于，连最后一只雀儿也吃饱走出去了。孩子很伤心。

列宛抚摸着孩子的头，慈爱地对儿子说："欲望无穷无尽，而机会却稍纵即逝。很多时候，为了得到更多而一味等待，不采取果断的行动，不但不能满足我们的欲望，反而会让我们把原先拥有的东西也失去。"

当你一旦决定在某项事业上投资，就一定要制定短期、中期和长期的三套投资计划。

短期计划实施后，即使发现实际情况与事前预测有出入，你可能会吃惊但不要动摇甚至放弃，仍积极地按原计划实施。经过短期计划的实施后，即使效果不及预料得好，也要推出第二套计划，继续追加投入，设法完成各项策略的实施。当第二套计划深入进行后，仍未达到预测的效果，又没有确切的事实和依据证明未来会有所好转，那么这个时候，就要痛下决心，毫不犹豫地放弃这项投资。

成功的经营者认为，放弃了已实施了两套计划的事业是明智的选择，即使亏掉了不少投入也无所谓。生意不尽如人意，与其为后来留下后患，让一堆烂摊子时刻困扰未来的工作，不如这样痛下决心及时退场。

在经营活动中，要培养自己忍耐的品性。但这种忍耐是基于合算和有发展前途的投资基础之上的。当发现不合算或没有发展前途时，不用说几个月，哪怕几天也不要再等待下去。

富商的儿子詹姆士原来沾染了恶习，像个花花公子一样，把父亲给他的一笔财产败光之后，生活难以为继时才觉醒要努力奋斗，决心从头做起。他从哥哥那里借钱自己开办一间小药厂。他亲自在厂里组织生产和销售工作，从早到晚每天工作18个小时。然后把工厂赚到的一点钱积蓄下来扩大再生产。几年后，他的药厂极具规模了，每年有几十万美元的赢利。

经过市场调查和分析研究后，詹姆士觉得当时药物市场发展前景不大，又了解到食品市场前途光明。经过深思熟虑后，他毅然出让了自己的药厂，又向银行贷了一些钱，买下“加云食品公司”控股权。

这家公司是专门制造糖果、饼干及各种零食的，同时经营烟草，虽然它的规模不大，但经营的品种丰富。詹姆士对该公司掌控后，在经营管理和行销策略上进行了一番改革。他首先将生产产品规格和式样进行扩展延伸，如把糖果延伸到巧克力、香口胶等更多品种；饼干除了增加品种，细分儿童、成人、老人饼干外，还向蛋糕、蛋卷等发展。接着，詹姆士在市场领域上大做文章，他除了在法国巴黎经营外，还在其他城市设分店，后来还在欧洲众多国家开设分店，形成广阔的连锁销售网。随着业务的增多，资金变得雄厚，詹姆士又随机应变，把英国、荷兰的一些食品公司收购，使其形成大集团。

詹姆士的成功，正是得益于他当初对小药厂经营前途不佳的理智分析，及时调整经营思路，转向食品行业。显而易见，适时放弃也是一种大智慧。

四、被人经营与经营别人——富人为自己打工

1. 世界上没有天生的富人

1979年，17周岁的赵孙立高中毕业，第一份工作就是接父亲的班，到河南省郑州市二七区卫生队做环卫工人。高中毕业的赵孙立，天天戴着眼镜拿着扫帚扫大街，虽然每月50多元的工资在当时相对而言也是较高的收入，但是，他心中的野马却越来越难以控制。

扫马路扫了三年后，赵孙立自觉必须得把工作变一下了，因为扫大街不是自己真正谋求的人生规划，他绝对不能让自己一辈子都扫大街。此外，女友也向赵孙立发出了最后通牒，让其变更工作。在“内忧外困”中，1982年，赵孙立毅然辞去别

人眼中的铁饭碗，一心一意要下海当个体户。

赵孙立听朋友说，浙江义乌的小商品市场特别繁华，品种全，价格低。由于没有多少资金，赵孙立准备从最零碎的小商品开始上手。于是，赵孙立带着500元的积蓄和借来的1500元钱，和当时的女友现在的爱人一起，一路打听赶到了义乌。

几天后，扛着几大包纽扣、拉链、缝纫机线等小商品，赵孙立在郑州市最早的敦睦路服装批发市场，摆起了地摊。

一个星期后，赵孙立和女友粗略一算，赚了200多元——比原来干环卫工人四个月的工资还要多！

第一年，赵孙立将自己经营的品种集中在纽扣、拉链等服装辅料上面，经营场地也从路边搬进了8平方米左右的小门店内。第二年，赵孙立将门店经营面积扩大到了100多平方米，营业额每年也以翻番的速度增长。

三年以后，赵孙立成了郑州市最大的服装辅料批发商。到1990年，他靠卖纽扣、拉链这些小得不能再小的商品，挣到了自己的第一个100万元。

从1990年开始，赵孙立感到服装辅料生意的竞争越来越大，如果不开拓新的发展领域，自己迟早会被别人挤垮。

1992年，赵孙立经过考察，投资100万元购置了3台电脑绣花机，在市郊农村租下几间民房，开办了郑州市第一家电脑绣花厂，专门给人家的半成品服装绣花。

由于是独家生意，电脑绣花厂刚一开业就生意兴隆，每天3台机器24小时不停运转，能给他带来近3000元的收入。

就在赵孙立享受着事业飞速发展带来的成功与快乐的时候，老天似乎是有意给赵孙立考验和磨炼。1994年，一场大火将赵孙立的货物仓库化为灰烬，也将他十二年创业的积累几乎烧了个精光。

顿时，赵孙立感觉像经历了世界末日一样，他将自己关在家里闷了好几天，然后走出家门，开始筹集资金，重整旗鼓。

1995年，郑州市服装辅料市场竞争已经达到十分激烈的程度，电脑绣花厂也纷纷出现。于是，赵孙立将店铺转让，谋求新的发展。

赵孙立开始把目光向成衣加工方面聚焦。不久，一个20台机器和30多个员工的小服装加工厂在郑州市近郊的村庄建立。这就是赵孙立今天的娅丽达公司。公司产品定位到女裤这一方向上。

赵孙立没有想到的是，当他把某一品牌做好之后，周围出现了大量价低质差的仿造品。

无序的市场竞争使赵孙立遭遇了前所未有的挫折，从1995年到1998年，赵孙立惨淡经营，工厂甚至几度濒临倒闭的边缘。

但是赵孙立坚持不放弃自己的努力。经过长时间的调查和思考，他逐渐明白，企业如果想寻求长远的发展，必须要有真正属于自己的品牌。

2000年7月14日，赵孙立拿到了“娅丽达”女裤商标的注册证书。随后，赵孙立迅速建立销售网络。短时间内，一个依托河南、辐射全国的销售网络初步形成。2001年，他的工厂生产的女裤开始供不应求，企业开始走上高速发展的快车道。

目前，“娅丽达”已经成为中国化纤女裤行业的领导品牌。企业现有员工近千人，在全国拥有品牌专卖店500余家，销售专柜200多个。企业资产规模达6000多万元，年产女裤360多万条，年销售额逾亿元。

现如今，40多岁的赵孙立驾驶着宝马轿车疾驰在马路上时，经常会忍不住多看两眼路边的环卫工人。他有时候也会问自己：如果当年没有放弃环卫工作下海创业，二十四年后的今天，自己正忙碌在这个城市的哪一个角落？

有谁想到，二十多年前的环卫工人，会变身为全国知名的“化纤女裤大王”？但创业撰写了这一神话故事，没有天生的富人，只要你有梦想和不屈的意志，你便可能成为你想成为的人，而不是你已经成为的人。

2. 大步小步，先要迈出一步

1970年，邱文钦出生在广东陆丰县碣石镇一个偏僻的农家。在他6岁那年，父亲不幸病逝；8岁时，母亲又离开了人间，从此他成了孤儿。没有人照顾他，他与大他两岁的哥哥相依为命。那会儿，别说上学，就连一日三餐填饱肚子都成问题。命运逼得小兄弟俩只得放下书包，扛着锄头赤脚下地种田。每日在农田里日出而作、日落而息，成了太阳底下最可怜的人。那时，他们不仅每日自己做饭、洗衣，计划着花家中的每一分钱，而且每每劳累了一天后，回到家也没有个人嘘寒问暖。小兄弟俩想起记忆中有父母关爱的幸福日子，常常忍不住泪水涟涟。那时，每看到别人家的孩子背上书包上学时，邱文钦就会忍不住投去羡慕的目光，他在心中一千遍地想，等以后自己有了钱，一定也要背起书包上学堂。但这个童年的梦想始终未能实现，后来成了珍藏在他心中的一个最神圣的记忆。

这种日子一直持续到1985年。15岁的邱文钦和哥哥在姑妈的安排下，拜当地的一个木匠为师学做木工。每天跟师傅学拉锯子、推刨子。为了能尽快学到真手艺，兄弟俩还想方设法去讨师傅欢心，不仅免费给师傅打工，还包揽了师傅家里所有的粗重家务和田地里的农活。就这样，从早到晚，兄弟俩在高强度的劳动和学习中熬过了三年光景。这三年里，邱文钦任劳任怨，吃苦耐劳，勤学苦练。凭着自己的坚强毅力，终于师满出徒，学得了一手漂亮的木工活。

当时，按照他们学得的手艺，在当地混口饭吃应该不成什么问题，两兄弟完全可以从此脱离那种忍饥挨饿、靠人施舍过活的苦日子。1988年，刚刚兴起的打工潮几乎席卷了中国所有的内地城市，许多热血青年纷纷离乡去陌生的城市实现自己的梦想。兄弟俩也对外面的世界充满了憧憬。

后来，兄弟俩一合计，决定一起外出打工。邱文钦想：与其靠手艺在家中仅仅混一口饭吃，终究难有大出息，不如出门闯一闯，说不定就闯出一番天地来了。再说自己有一技傍身，走到哪里都不至于被饿死。于是，1988年底兄弟俩在左邻右舍、亲戚朋友的帮助下，好不容易借到了240元钱，兄弟俩坐上了开往深圳的汽车。

当时的深圳还是一片荒山野岭，连一条像样的公路也没有，但所到之处都是机器轰鸣之声，一派热火朝天的景象。看到这一切，邱文钦身上的血顿时热了。他庆幸自己赶上了创业的好时候！

然而，深圳也并不是他想象的那么好找工作，兄弟俩在街头浪迹多日，费尽周折后好不容易才找到了一个搞装修的老乡。老乡看他兄弟两人忠厚老实又能吃苦，就收留他们在工地做工。

兄弟俩在深圳总算有了落脚之地，自然对收留他们的老乡感恩不尽，只知道拼命地干活。在老板手下，每天他俩活干得最多也干得最好，不管刮风下雨，工地远近，都随叫随到，再苦再累也毫无怨言。第一个月，兄弟俩各领到了330元工资，除去90元的生活费，还有240元钱。兄弟俩长这么大还是第一次挣这么多钱，晚上住在四壁透风的工地上，邱文钦把揣在怀中的钱拿出来摸了又摸，辛酸和欣慰、感慨与激动交织着一股脑儿地涌上心头，使他辗转反侧，一夜未眠。想着深圳的钱这么好挣，邱文钦在心里暗暗发誓：一定要在深圳混出个模样来！

在老乡的工地上做了一年多的小杂工，到了1989年底，兄弟俩辛辛苦苦好不容易才攒到了4000多元钱。邱文钦心想：自己老是一味地给别人打小工，可能一辈子也实现不了自己的梦想。经过一番深思熟虑，兄弟俩决定跳出来单干。他们在黄贝岭租了间每月200元房租的铁皮房，印刷了些承揽家庭装修业务的小卡片，四处派发，上门揽一些零碎的木工活。由于没有本钱，他们只好从别的包工头手中再转包下工程中所需的木工活，这样一来，他们既不承担什么风险，也能从中赚一份比以前给别人打工多几倍的钱！

由于兄弟俩的木工手艺好，加之做事又认真负责，由此在装修这个行当中，兄弟俩凭着口碑好、人缘好，许多对他们业务能力十分满意的装修住户，又把他们推荐给自己的亲朋好友。于是兄弟俩的生意越做越好，到了1990年，手中有了一定积蓄的兄弟俩已经可以自己扯一干人马独立承揽整个家庭装修工程了。

邱文钦一边承揽着自己的装修工程，一边在四处寻找别的赚钱门路。1991年冬天，机遇终于光顾了诚实肯干的他。

这一年，邱文钦一个在深圳市东园路开名片印刷店的老乡因生意不景气，欲将名片店转让出去，转承费只要三四千元。经过一番市场调查，邱文钦大胆地将这个名片店接手承包了下来，和店子一起接过来的还有原来店里的两名员工。

这是一间只有7平方米的小店，一台破旧的手摇名片印刷机就是店里全部的生产设备，但邱文钦却兴奋异常，因为这是一间属于他自己的店，第一次做老板的他被创业的激情撩得激动难抑。

小店所处位置不错，然而生意却不景气，邱文钦认为主要是员工责任心不强、缺乏主动性造成的。于是他马上制定一种激励制度：员工每联系印刷一盒名片，就在原有工资的基础上提成10%。此举一出，两名员工也一改以前那种得过且过的工作态度，每天想方设法为店里联系业务、招揽生意，同时也为自己增加了收入。不久，邱文钦名片店的生意做活了。

但由于名片店里机器设备老化，无论邱文钦每天怎么紧张，最多也只能印制二三十盒名片，除去成本、房租和员工开支外，也就所剩无几了。他想更换设备来提高工作效率，但他一打听，更换一台新的名片印刷机器，差不多要上万元，而邱文钦一下子又拿不出这么大一笔钱，这使他又犯了愁。

一次，一位文具店的业务员来给他推销名片纸，随身的挎包里还插着一大包钢笔、圆珠笔及其他文具。邱文钦看到这些东西眼前不禁一亮，他想：自己可以一边印名片，一边卖文具，这样两不相误，并且在名片店里卖文具也挺配套的。

说干就干，他利用自己精湛的木工手艺，在名片店的内墙一侧，做了个精致的文具售货架，再装上透明玻璃，一个漂亮的售货架立马就成了。开始的时候，邱文钦只是在这名业务员手中购进一些文具，零星搭配着卖，谁知到月终一结账，他竟然发觉，自己零零碎碎卖文具赚的钱，已经超过了每日辛辛苦苦做名片赚的钱！

邱文钦不禁惊呆了！他马上意识到文具这个小行当里蕴藏着巨大的利润空间。但是让一个文盲去卖带有强烈文化色彩的文具用品，能行吗？邱文钦开始心里也直打鼓，可他后来转念一想：世上无难事，只怕有心人。只要自己认准了，就一定义无反顾地走下去。再说自己虽说没有文化，但可以请一些高智商的人来给自己出谋划策，以人之长，补己之短，相信是可以克服自身缺陷的。如此一想，邱文钦的信心就更大了。

1991年正是深圳大发展的黄金时期，各种各样的公司、写字楼一家接一家地开。文化办公用品的需求量很大，文具市场前景广阔。经过这一番仔细调查，更坚定了邱文钦挑战自我的决心。

1992年初，他将手中仅有的7000元钱全部拿出来，用来批发一些新潮、适用的文具用品。此时，制作名片已退至副业，卖文具一跃成了主业。不到一个月，邱文钦所进的文具被销售一空，赚的钱也是以前的好几倍，邱文钦暗暗庆幸自己选准了路子。于是，他开始周而复始地进货、销货，慢慢地熟悉了文具这个行业，店里的货也越进越齐全了。到了第四个月，手中已有了两万多元存款的邱文钦为了扩大经营规模，又将名片店隔壁的一间10多平方米的发廊转租了下来，自己装修一新后，成了一间文化用品专卖店。

天下原本没有路，在荆棘丛生的地上践踏的次数多了，脚下就有了一条路。在商海里反复筛淘，邱文钦终于找到了一根足可以让他发家致富、安身立命的"金稻草"。

又经过一年多的磨炼，邱文钦的事业有了长足的发展；资金积累逐渐增多，进货渠道也越来越广，并取得了韩国、日本等七八家国外文化用品公司的代理权。加之他有深圳大企业做稳定的用户，自然而然，他的业务量飞速上升，从此一发而不可收。

“不管大步小步，都要领先一步。”这是邱文钦的经商之道。1990年，深圳超市经营最先由香港百佳引入。“超市”的自选特点给了消费者较多的自由选购空间，从而使顾客盈门。而当时在中国还没有一家像“麦当劳”“肯德基”那样有名气的国际连锁餐饮店。

当时我国文具行业也正面临着大好商机：其一，当时从百货零售领域剥离出来自成一体的文具行业已成为热门的产业；其二，特许经营加盟连锁在中国得到了迅速的发展，已成为我国经济增长的一个新亮点；其三，随着国内经济及文化教育的发展，必然令文具市场呈现出旺盛的消费势头，整个文具行业将进入一个稳步发展、充满机遇的朝阳时期。

经过这么一番分析，邱文钦敏锐地捕捉住了这个商机。1993年，邱文钦开了自己第二家文具店。到了1994年，一年之间，他又一口气开了四家连锁分店。1995年，他注册成立“都都文化用品有限公司”。从1993年到1995年3年间，“都都文具”的超市连锁经营方式给这个行业吹来了一股新风，极大地搅动了这个市场，“都都”专业文具小超市在深圳成了一道亮丽的风景线。

在创建连锁店的过程中，邱文钦始终从服务、质量和市场的每个环节做起，并在管理上不断上档次、实施管理创新。他的理念是现在做生意，必须以消费者为中心，以消费者的需求为第一需求。以前的文具店是在百货公司的柜台里等客上门，而不主动送货上门，提供服务。而“都都文具”不但在经营中为顾客提供主动送货上门的服务，邱文钦还从提高服务质量入手，培养员工的服务意识，严把进货质量关，经营的货品必须是正规产品、正规品牌，从不允许假冒伪劣产品在本公司出售。就这样，“都都文具”靠着消费者良好的口碑逐渐树立起自己的形象。

邱文钦还在价格合理化、品种齐全化上面做文章，做到所有连锁店价格统一，明码标价；顾客只要走进“都都”文具店，就没有买不到的文具。并以这两项作为要求自己的标准。作为全市文化用品行业最早送货上门的公司，为了在竞争中取胜，送货曾送到深圳宝安、布吉等较偏远地区。靠取信于顾客的信誉和质优价廉的实惠，“都都文具”一步步打开了深圳市场，得到了社会的广泛认可。

“都都文化用品有限公司”成立后，只有25岁的邱文钦为了使企业有更长远的发展，就开始在管理上下功夫，并制定出一套先进科学的管理方法。

“开好中国第一文具连锁店”，是“都都文具”的经营目标。而人才又是一个企业的灵魂。邱文钦知道自己没有什么文化，但他却懂得利用别人的文化为自己赚钱。在公司成立之初，邱文钦就开始聘用总经理，公司实行总经理负责制，从而杜绝了“家族式企业”中的种种矛盾。此举在当时的深圳民营企业中还是很少见的。在用人机制上，他也实行“能者上，庸者下”的策略，哪怕是家乡的亲戚求职，如果没有能力，也只能做清洁工。如今，公司员工结构中，不乏博士、硕士等高级人才。同时，为适应企业的可持续性发展战略，2000年初，“都都文具”与黑龙江财贸学校签订了人才培养协议，专门开设“都都班”，邱文钦这个没上过一天学的乡下穷孩子，却受聘兼任该校名誉校长。今年初，“都都文具”又与分布在全国的另外3所商业学校签订了人才共同培养协议，开设“都都班”，为“都都文具”全国拓展计划做好人才储备。

到今天为止，“都都文具”已在深圳开了33家连锁店，在北京开了1家分公司，员工已发展到600多人。销售的产品小到价值几角钱的铅笔头、橡皮擦，大到价值数10万元的投影屏幕、投影机及整套的办公自动化设备。公司的总资产已过亿元！

今天，说出来也许很多人都不敢相信，拥有亿万资产的邱文钦，除了自己为提高工作效率配备的一辆国产别克轿车外，在深圳连一套属于自己的住房都没有，一直到现在仍是与员工一起住在租来的员工宿舍里。每天晚上，老板和员工的呼吸甚至都可以连成一片，凝聚成一种战无不胜的团队精神！对此，邱文钦十分诚恳地说：“一个真正关心自身发展的企业，首先要从关心员工开始，企业只有把员工的利益与企业的利益统一化，才能真正获得员工的认同与追随。‘都都文具’虽然是民营企业，但它不是我一个人的，它是社会的，是员工大家的。我买房也要等到能够使全体员工都能在深圳住上新房，等到‘都都’建起自己的‘都都大厦’！”

3. 有钱了就做创业启动资金

从刷煤气灶的小贩到身家几十亿的资本家，平民商人张大中的发家史里写满了他高明的财富观。

20世纪80年代初，张大中在北京郊区的一个供销社当电工，那个供销社有3间北屋、20多名员工，卖着国家管制的油盐酱醋，月薪30块。张大中悲观地意识到，坐在那里一眼就能看到自己50岁后的样子，掐指一算就能算出自己一辈子工资的工作，简直让人感到绝望。所以，在张大中的心中，总有某种不安分的因素蠢蠢欲动。不过，张大中真正走上创业之路，与其母亲紧密相关。张大中兄妹7个，他排老三。父亲是旧时朝阳大学法律系肄业生，母亲是一个富商的独生女，很漂亮，也非常有想法。父亲早年参加过革命，是共产党员，但是身体不好，早在文革前张大中十几岁时就过世了，妈妈成了整个家庭的支柱。但是文革当中，因为妈妈上街贴了要求民主和自由的大字报，最终被定为反革命罪。

1979年开始，国家开始拨乱反正，但是当时要求平反的人很多，政府的平反时间更多取决于受害人家属的上访激烈程度。张大中的大哥、二哥都是踏实安分的人，大哥当时已经分到外地工作，供养弟弟妹妹们生活。张大忠瞒着大哥，拿着材料到处上访，市委、中央都跑遍了，在大哥眼里他这是典型的给组织添麻烦，所以一直到平反的补偿彻底发下来，他才告诉大哥。1980年，中央落实政策，政府补偿了张家7000元，兄妹7个，每人1000元。

面对用母亲的生命换来的1000块，张大中陷入了沉思——用这笔钱干什么？跟兄妹们一样拿去买电视机、买大衣柜？那是绝对不行的，不能糟践了！尽管他没有想得很具体到底用来干什么，但是一定要拿这笔钱干点什么的念头非常清晰。

这一年，张大中31岁，刚刚插队回城，并在同学的介绍下有了对象，1000块钱被他一分为二，一半用来结婚，剩下的作为干点什么的启动资金。

这一切促成了供销社电工张大中，变身为1980年8月的那个刷煤气灶的小贩。在休息日，张大中背着个军绿色的破包，举着个牌子，顶着烈日蹿来蹿去，牌子上书几个大字——“刷煤气灶”，还有一个副标题，以稍小一号的字写着：八毛钱一个！破包里装着他生财的瓶瓶罐罐，里面装着烧碱、清漆、银粉以及一块大抹布。然而，辛苦了一天，张大中只赚到8块钱，除去购买清洗用具的7块成本，净利润只有1块钱——张大中狼狈地退出了这个没有前途的行业。

看到刷煤气灶不赚钱，小贩张大中并没有停下他干点事情的脚步。1982年冬，在自家厨房做出的60台落地灯，成为张大中经商盈利的起点。

在那个物资匮乏的时代，张大中的几十台手工落地灯虽然是三无产品，但还是被居民们抢购一空，甚至还有一个供销社来向他采购了几十台。在甘家口的一个商场里，张大中卖出的8台落地灯共纳了2.4元税，而二十多年后，因为将大中电器以36亿元的价格卖给国美，他纳税5.6亿元，成为国内一次性缴纳个人所得税最多的纳税人。

60台落地灯最后一共赚了160块钱。对于一个月工资30块，还要上交老婆26块的张大中来说，这已经是一笔巨款。这笔钱对他来说最大的意义，不是多了几个月工资，而是从根本上坚定了他能够靠自己双手干一番事业的决心，从插队的农民，到供销社电工、供销社售货员，张大中从来没有做过的东西获得了公众的认可，卖出去的落地灯给了他极大的信心。

1982年底，张大中向供销社领导递交了辞职信，供销社的领导和岳父岳母出于好心，都极力劝他别丢掉这个“铁饭碗”，但是张大中还是选择了辞职。

落地灯的生意做了没多久，张大中发现一个朋友单位有一批积压的电子元器件，可以用来做音响放大器，他如获至宝，低价买下，用自己的电子知识做成了一批音响放大器，物资匮乏的市场再次给了先走半步的张大中丰厚的回报——放大器在市场上供不应求，他赚到了自己的第一桶金。

1982年4月，张大中成立了“张记电器加工铺”，专门生产音响放大器，后来拓展到音箱制造、安装等领域，后来改名为“金钟音响厂”，一直到现在仍然存在，每年能赚辆奥迪的钱。

音响制造厂做了几年后，张大中发现，在北京，制造业不如商业，北京是一个消费型的城市，制造业的利润太低，资金周转周期太长，他发现做电子原配件赚钱更容易。于是，他立即将主要精力放在电子原配件的销售上。

1986年，张大中的第一家电子原配件门店在中组部路口的灵镜胡同8号开业了，虽然只有十几平方米，但是生意非常红火，他手里攒下了四五万的积蓄。张大中自我评价，自己跟一般的小老板没什么两样，有钱了第一件事情就是想着去存款，先存一半在银行，剩下的再想着去增值，他就是按照最朴素的道理在做生意，从来不拿自己去冒险，也从来不觉得自己比别人聪明多少。

1986年的一天，张大中被通知，去北京市工商局坐一坐，他心情忐忑地去了，因为他的"张记电器加工铺"开了两家，那时，任何个体户不允许开分公司，连锁店还完全是一种资本主义特质明显的玩意儿。

如此捱过一年。到1987年，张大中看到政策允许开分公司了，他的心情十分复杂。这次违纪可以说是阻碍张大中从一个小老板向大老板飞跃的标志性事件。

让张大中的事业进一步飞跃的，是1993年开张的玉泉路音响城。电子原配件、音响等电器生意，伴随在当时风靡全国的卡拉OK热变得火爆异常，财源滚滚而来。但是，张大中再次敏锐地发现，偌大一个北京城，卖音响的店没有一家大到能够把所有的品牌、零配件集中起来销售的，都是十几平方米、几十平方米的小店。

他决定搞一把大的，看中了玉泉路一家几万平方米的商场，租了下来，成立了一家“大中音响城”。

但是，这个想法却没有像以前几次那样见效。玉泉路店起初的想法很好，但是初期的现实很残酷。后来加入大中电器，跟随张大中多年的大中电器总经理宋红说：“刚开始搬过去，由于知名度不高，生意非常惨淡，一天的流水，连给店员开工资、付电费都不够。”

整整有半个月的时间，张大中根本睡不着觉，天天都想该怎么办。这是他经商以来经历的最大一次挫折。当时也想过，赔到一定程度，实在赔不起的时候，就回他城里的小零售店。但是觉得真是丢不起人，没脸见当时跟他一样在城里开小店的小老板们。张大中现在想起来还有些不好意思。

他还是决定坚持。咬牙挺了半年之后，这个大音响城在京城老百姓中间逐渐有了名气，大家都知道玉泉路有个最大的音响城，里面所有音响一应俱全，选择余地大。

这个音响城后来不仅经营音响，也开始代卖家电，直至后来以家电为主，张大中真正走进了家电生意的圈子，并且在北京城里各处复制玉泉路店的模式，成为北京市场最大的家电连锁企业。

当然，故事的续集应该是众人皆知了，“大中电器”最终发展为中国内地知名的家电零售连锁企业，在各个城市遍地开花。不知道，如果当初张大中获得那1000块的补偿金后，只是单纯将其视为消费资金，今日的张大中会是什么模样，拥有什么样的事业？

4. 摔一个跟头摔出胆量

1982年，蔡良勇17岁，由于受到同乡的鼓动和诱惑，他无法再安心于建筑工地搬砖头、拌水泥的工作，终于说服了父母，从他们手中蹭到了飞往巴黎的机票。

抵达戴高乐机场时，巴黎的天却是灰蒙蒙的，见不到一丝阳光。在到达的第一年里，他不但没看到想象中的“天堂”，就连巴黎的太阳都没见过。他坐在亲戚家灰暗的皮包工厂里，望着眼前的剪刀、绳子、胶水，终于发现了现实的残酷。他也从此背上了跟所有海外温州人一样艰巨的使命包袱——当老板、发大财！

瘦弱的蔡良勇此前根本没动过车衣机，更经受不起日夜赶工的折腾。他做的活儿，质量差、速度慢，根本无法让当老板的亲戚满意。毕竟亲戚接他出国安排他进厂，也是计算了成本的。

一年后，在亲戚的埋怨声中他告别了那家皮包工厂。他先是借了别人的裁缝机，又问其他乡亲借了一点皮，自己设计了一个包，拿到街上去卖。但根本没有人买，他只好挨个找杂货店去推销。一个金边老板抵不过他的软磨硬泡，收下了这个包，付了几个法郎。

出了店门，蔡良勇直奔一个食品店，买了一包山楂片，在路上一边吃一边跳——这是他在巴黎做成的第一笔生意，他似乎看到了梦想实现的微光。

然而，蔡良勇的皮包梦很快落空了，他接下来做的包都无人问津。房租和生活费的压力开始逼得他在街上乱转。他先是发现了一家法国人的成衣工厂，就跑去那里缝衣服，但他天生不是踩机器的料，笨手笨脚地干了几天就被老板赶走了。好在讲信誉的法国人还是给了他50法郎（一周的工资）。

他后来又找到了一个金边人的工厂，幸运地遇到了同为工友的大玲、小玲两姐妹，两个姑娘技艺不错，又跟他同病相怜，就想办法保护他。一个月过去了，老板看到蔡良勇的工作状况不佳，想赶他走，两姐妹就挺身而出，她们威胁老板也要辞工。老板无奈，只好勉强留了他半年。两姐妹于是开心地拉着他去歌舞厅庆祝，可到了地铁口，他却很难为情地站住了——口袋里的钱连买地铁票都不够。

蔡良勇发现：在巴黎有很多家成衣工厂，大家都要吃工作盒饭。于是他就跟老板们毛遂自荐，说自己是国内来的大厨，可以供应晚饭。每天晚上到别人的成衣工厂送菜，他都精神抖擞地跟别人说自己是开车送来的。然后，出了厂门，趁人不注意，拐个弯跳上公共汽车就回家了。可惜一个星期后，他做的菜味道差又变不出什么新花样，很快就被揭穿了真相。只好再次面临失业的窘迫。

到巴黎两年后，他跟另外一个制衣技术娴熟的同乡一起看中了一处店铺，终于打算要合伙开一家服装店，各出一半资金。

温州人当中有个非常流行的“标会”制度，就是大家出钱帮助一个想做生意的人，省去他积攒原始资金的时间，然后这个人再以每月固定的额度还给其中一人，直至还掉全部负债。这种方式在贷款困难的民营小企业中非常有效，同乡之间也互相信任。

蔡良勇绞尽脑汁，把所有认识的人都找到了，标了一个会。但他筹到的钱距离投资的需要还差5万法郎，无奈之下，他把自己租来的一房一厅以每月300法郎的价格租给了别人，条件是对方要出5万块押金。

他收的租价实在非常低，但收押金的主意却解决了他的燃眉之急。新的店铺日后也可作为临时住所。出租合同终于在他的租店铺合同签约的前一天落实了，不过按规定，新房客要在搬进去之后才最终付钱。

为了能顺利签到第二天的店铺，他决定提前一天搬出去，让房客入住。那是一个难熬的无家可归的夜晚，他揣着押金，提着行李，在巴黎灯火闪耀的大街上整整走了一晚。

店铺落实了，但买设备的钱还不够，他就跟厂家争取到了分期付款。然而，由于没有开店经验，他们还是吃了亏。当时店里请来的工人都是“黑工”（没有申报工作合同的雇佣工），由于工人不报税，完全以现金的形式支付工资，而收入的货款基本上是法国人明码标价的支票。一年下来，公司账面上的利润非常高，需要上缴高额的税款。扣除成本费用，基本上没赚到什么钱。

那位合伙的同乡认为这桩生意的利润还不如自己以前的收入，决定放弃跟蔡良勇的合作。但蔡良勇此前标会的负债还未还清，如果退出就丧失了还债的机会。于是他咬牙退还了对方的资金，一个人把这间店撑了下来。但这种挣扎是没有意义的，他的经营如雪上加霜，没多久就不得不把店铺关门卖掉了。还了剩下的债以后，他已身无分文。

心灰意冷的蔡良勇与地铁里的乞丐惺惺相惜起来，他坐在地铁的过道里，抱着膝盖，呆呆地看着那些悠然自得、弹唱讨钱的乞丐。

但他还是很快振作起来，重新租到了一个工厂，仍然加工衣服。这时，他发现自己陷入了管理困境中。他给的工资低，工人做工就很慢，效率上不去。后来，他提高了工资，速度马上快了起来。但工人们的心眼儿也随着经验在积累，有时他计件算好了工人的工作量，但趁他出去接电话的几分钟，有的工人又偷偷拿回来几件，算在新一轮的工作里。

生意慢慢发展起来，他手头开始有了十几万法郎的资金，想发展更大的工厂做自己的产品。他在华人集中的巴黎3区晃了几圈，决定生产男式游泳裤。因为他看到泳裤店的生意很好，特别是缝剪非常简单，不用请设计师，只要选好花布就行了。

但就在他雄心勃勃地展开自己制作成衣的计划之时，却发现他新租的大工厂原来是一家犹太人的工厂，犹太人就是因为雇用黑工加逃税被警察局查封的，这里自然成了重点监督对象。他的工厂没多久就被查抄，工人全部被赶走。他的工厂再次走到了资金周转不灵的末路。

这次将钥匙交给别人，除了身无分文，蔡良勇还背上了不少的债务。但对他来说，这反正不是第一次破产了。

随后的转机从蔡良勇走进了一家法国人开的电器店出现。"我可以代销传真机。"看着那些实用便捷的电子产品的介绍资料，他动心了。

那时候他连进一台传真机的成本都没有，他决定先拿一些资料去推销。那是1988年光景，华人区几乎还没有人认识传真机。

他的第一台传真机卖给了做裤带生意的段先生，他苦口婆心地跟人家解释："您这么大的批发生意，每天要给欧尚、中心百货寄送样品，多复杂啊！以后有这个机器就好了，只要把样本放进传真机，对方马上就收到了，不用派人过去了。"

对方疑惑地接受了他先试用几天的建议。然而不到晚上，他的电话就爆响起来："蔡先生啊，你怎么连同乡都欺骗，我怎么找不到把皮带放进传真机的入口！"

他费尽口舌解释了半天，对方才终于明白传真机是怎么回事。接下来，他每天坐在段先生的门口等着他把货款付清。他是个不善言谈的人，又碍于同乡情面，怎么都无法开口要钱。这样一等就是三天，谁都赶不走。段先生终于明白了，于是把货款付给了他，而这笔钱正是他需要用来进第二部机器的。从这次开始，一个月卖一两台传真机的生意，能让他勉强吃饱饭了。

他后来租了一间办公室，请了个工人代为管理，打算在电器代理的行当里角逐一番。他每天穿梭于华人区的街巷，穿着整齐的西装，打着领带，提着皮包，用来掩饰自己的落魄。

但这一次，是他的第一次恋爱让他破了产。女朋友的姐姐打算回国一次，邀他同行，他莫名其妙地答应了，并取出银行里所有的钱，换了一张回国机票。

第一次回到阔别八年的老家，父亲以为他终于出人头地，于是大宴宾朋。这也是常理，因为当年几乎所有的温州人离乡，亲友们都是送过红包的。他当晚只好狼狈地跑到女友姐姐家里借了一万块钱，招待凑热闹的乡亲。

无奈的是，在他再次回到巴黎的时候，银行里公司账户上亏空已成事实，法庭再次无情地宣布：公司破产。女朋友随即也与他分手。

他一个人晃到巴黎3区同乡开的酒馆里喝闷酒，怎么都提不起精神。那天晚上，他挥手叫同乡帮他花光身上最后几个法郎，买了3张彩票。他竟然中奖了，40万法郎，从天而降！

他的第一反应是到银行开个账户把钱存进自己的名下，但柜台后面的小姐冲着他使劲摇头，不给开。他的破产记录早已被多次列入黑名单了。

存不了银行，他突然决定去买一辆梦寐以求的宝马车。那时他家里所有的电器就是一台电视机和一对音箱。他交了1万块的预付款，等待着宝马车到货。

但他还是想到了自己的债务。一周时间，他还清了之前欠下的所有债务。但买宝马车的计划也随之不得不取消了。

在几乎身无分文的时候，他和新交的女朋友结婚了。

跟女朋友去礼服店订婚纱那天，试到一半，他借口接个电话出了店门。等了半天，四顾茫然的太太只好自己付了钱。他当然不能说，他捉襟见肘的境遇还不如在工厂里做工的女朋友富裕。

蔡良勇带着太太全家人去饭店吃婚礼酒席的那天，穷得只剩下一身西装了。但他张罗着给大家热热闹闹地摆了几桌，出门的时候，大大方方地跟老板打了个招呼就走了。

看着他的气势，饭店老板还以为蔡先生是忘了买单。他当然不知道，“阔气”的蔡先生回去以后，用了一个月的时间，才凑上了宴席的费用交给他。

所有熟悉蔡良勇的人都认为，太太的出现，是蔡良勇命运的转机。

有一天，蔡良勇又在街上逛。他经过法国手表店门口一个巨大的灯箱广告牌时，记下了那家灯箱公司的电话，他装作客户打电话去这家灯箱公司，最终套出了那个畅销手表品牌公司的电话。

于是，他在巴黎3区重新租了一家便宜的小店，开始做起了手表生意。平时太太守在店里，他就背着个皮包，去那些华人经常聚会的地点推销。他那时的行头非常讲究，西装笔挺，大皮包“哗”的一下拉开，里面都是五颜六色的手表。

财运好起来就势不可挡。那是1992年，他每天回到家，和太太两个人数钱数到手软，还要把电熨斗拿来，一张张把钱熨平，收拾起来。“太太还有个好处，可以管钱、看店，以前我实在分身乏术啊。”

他在手表生意成功以后，开始马不停蹄地琢磨起身边的新东西，并一连创下了很多个第一。第一个卖复印机，第一个卖商店里的银行卡刷卡器，第一个卖打电话超级省钱的中国卡，等等。他有时还能把这些生意偶尔整合一下，比如自己店里卖出去的电话卡上，还能在反面打上手表的新广告。这些都给他带来了丰厚的利润。

蔡良勇发现同时开发三个优质的产品，哪怕其中一个亏了也不怕，这样才能站稳脚跟。于是，他抓住机会，先后引进了打火机、眼镜两个新产品。国内有雄厚的生产力量，这里有稳定的销售网络，他干脆从零售转到了批发，正式开始做进出口生意。

最得意的一桩生意是他在1999年经营的名叫“皮卡丘”的小玩意。他从西班牙引进了印着这个可爱图像的钥匙链、打火机等小物件，一上市场就卖疯了。每天他那里都有大量的进货商，货品经常脱销。半年时间他赚了有上千万。

他后来还投资了一家由法国人管理的里昂小商品店，生意非常好，每年让他坐享数百万的纯利润。生意上的成功还使他当上了法国华人进出口商会副会长。

此后，蔡良勇开始回国捕捉机会，建工厂、投资商铺、在海南投资度假酒店。他现在准备做的是在国内打造出一个眼镜品牌。生意一天天做大，但或许是因为过去的艰苦经历，他仍然不允许自己有丝毫的疏忽。